全彩图解
+
赠送视频

杨振贤
李 方 编著
潘学松

3D打印
从全面了解到亲手制作

—第2版—

U0387385

化学工业出版社
·北京·

内容简介

数据时代下新兴的革命性技术，助推3D打印技术的快速发展以及商业应用。经过近几年的沉淀与发展，在顺应消费升级趋势和个性化定制需求下，3D打印越来越受到各方关注，特别是新的突破性技术和商业化应用案例。本书的修订基于3D打印将作为第三种工业力量，具有广阔的应用发展前景，带来一种新型的数字化制造模式和生态。

本书共有11章，系统介绍了技术大爆炸的前夜、3D打印带来的新制造、3D打印的各大流派、常用打印材料及应用、打印模型的准备、化体为面——化面为线——切片引擎、控制中心——ReplicatorG、硬件架构——REPRAP、熔融挤压3D打印机DIY、光固化3D打印机DIY、激光烧结3D打印机DIY。本书结合3D打印新技术、新成果编写而成，内容翔实，同时配有大量3D打印全彩高清实体图，具有较强的科学性、实用性和可操作性。

考虑到读者的一些实际需求，作者团队特意搜集了一些3D打印高清视频，赠送给大家（请发邮件至qiyanp@126.com索取），帮助大家更加直观和生动地了解3D打印技术。

图书在版编目（CIP）数据

3D打印：从全面了解到亲手制作/杨振贤，李方，潘学松编著. —2版. —北京：化学工业出版社，2020.9
ISBN 978-7-122-37348-9

Ⅰ.①3⋯　Ⅱ.①杨⋯②李⋯③潘⋯　Ⅲ.①立体印刷-印刷术　Ⅳ.①TS853

中国版本图书馆CIP数据核字（2020）第118287号

责任编辑：漆艳萍　　　　　　　　　　　　装帧设计：韩　飞
责任校对：李雨晴

出版发行：化学工业出版社（北京市东城区青年湖南街13号　邮政编码100011）
印　　装：天津图文方嘉印刷有限公司
787mm×1092mm　1/16　印张15　字数358千字　2021年1月北京第2版第1次印刷

购书咨询：010-64518888　　　　　　　　　　售后服务：010-64518899
网　　址：http://www.cip.com.cn
凡购买本书，如有缺损质量问题，本社销售中心负责调换。

定　　价：98.00元

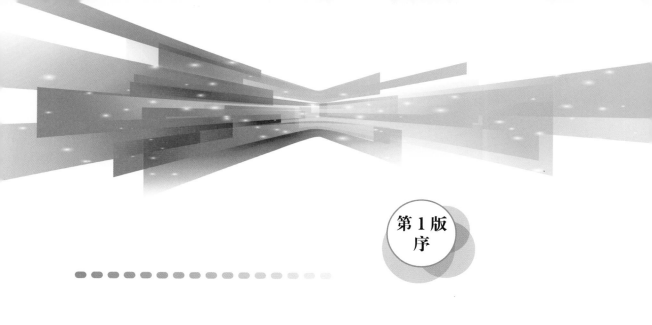

　　3D打印技术是具有工业革命意义的新兴制造技术，它正逐步融入研发、设计、生产各个环节，是材料科学、制造工艺与信息技术的高度融合与创新，是推动生产方式向柔性化、绿色化发展的重要途径，是补充优化传统制造方式及催生生产新模式、新业态和新市场的重要手段。全球范围内，很多研究者和企业家都在探讨：3D打印是否会成为引发新一轮产业革命的颠覆性创新？

　　当前，3D打印技术已在军事、医疗、装备制造、消费电子、建筑等多个领域应用，产业呈现快速增长势头。有机构预测，2015年全球产业规模有望达到37亿美元，到2020年可超过50亿美元。特别在消费品领域，3D打印市场潜力巨大，并且需求快速增长。欧美一些跨国零售商已经利用3D打印产品占领市场，为个人创意产品提供服务的桌面3D打印门店也陆续出现，作为3D打印知识库的Thingiverse等网络平台的兴起更加速推进了3D打印的普及和应用。此外，3D打印技术在医疗和装备制造领域的产业化也在不断推进，发展前景良好。

　　我国3D打印技术虽然起步较晚，但是高性能金属构件激光成型技术已经在装备制造领域取得突出成果，达到世界领先水平，并在航空航天构件研制生产中得到实际应用。在小型机械模具及零件制造过程中，原型样件快速成型制造得到广泛应用；在医药、消费品等领域，我国3D打印技术也已进入商业化起步阶段。可以说，3D打印正在从实验室走向应用、走向市场；不久后，其影响也将进入千家万户、进入每个人的生活。更多的人需要去了解这一技术、认识其带来的改变、思考我们能够做些什么和得到什么。

　　杨振贤等几位青年才俊常年致力于前端领域的研究，以多年的学术沉淀为依托，编写了这本《3D打印：从全面了解到亲手制作》，系统地讲解了3D打印理论、相关软硬件技术，甚至给出了从零开始自己组装一台3D打印机的步骤。该书的出版，对于普通读者可以了解基本情况、激发兴趣；对于有一定技术基础的爱好者，可帮助组装属于自己的3D打印机，体会这一技术带来的无限乐趣；对于专业性人员，可借此了解掌握不同3D打印设备采用的技术和工艺，以及应用前景、行业动态等，以在新一轮产业革命中把握先机、抢占"风口"。

我坚信，本书可以使读者开卷有益，相信作者的辛勤努力对于促进3D打印技术在我国的推广和深化应用意义重大！

工业和信息化部电信研究院政策与经济研究所

副所长辛勇飞

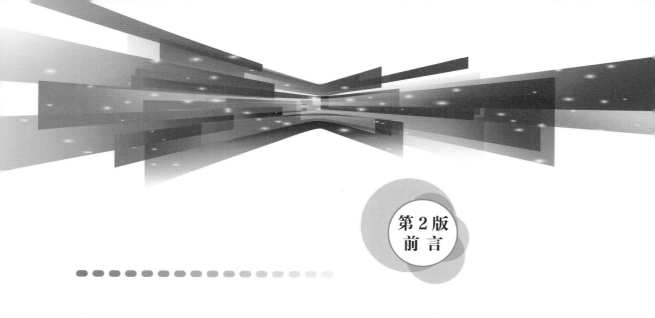

第 2 版 前 言

　　《3D打印：从全面了解到亲手制作》于2015年出版以来，笔者得到了各界人士的支持与鼓励，图书受到广大读者的欢迎，并荣获国家优秀科普作品奖银奖。时隔5年，科技进步日新月异，3D打印技术逐渐为人所知的同时，社会需要一本更前沿、更专业、更能落地指导的3D打印科普书籍。

　　正如我在第1版的前言里面说过的：随着近几十年来互联网浪潮席卷全球，信息社会已经深入人类生活的方方面面，这使得传统的生产制造模式已逐渐难以满足社会发展的需要，人们对新工业革命的呼声日益高涨。科学的改进正是科学技术进步的最重要因素。纵览具有推动新工业革命潜力的各项技术中，3D打印技术无疑是最受期待的技术之一。

　　在社会各界热爱科技与关注3D打印技术的朋友们的帮助和指导下，笔者在原版本的基础上进行了修改和调整，增加了3D打印技术可以运用的场景及商业化模式，完善了3D打印技术的流派，用最新的技术替换了一些旧的工艺。本书第1～3章，从整体上介绍了3D打印的发展脉络、历史背景、各大技术流派，以及在各个行业的应用前景；第4～8章，着重帮助读者理清3D打印的工艺现状和相关技术，包括常用打印材料及应用、打印模型的准备、连接打印机的控制软件以及开源的硬件架构；第9～11章是本书一大亮点，非常细致地带领大家一步一步地制作一台属于自己的3D打印机。

　　本书结合3D打印新技术、新成果编著而成，内容翔实，同时配有大量的3D打印全彩高清实体图，具有较强的科学性和实用性。

　　希望《3D打印：从全面了解到亲手制作（第2版）》通过更加详细、正确的引导，可以帮助3D打印零基础的技术爱好者组装一台属于自己的3D打印机，体会这一技术带来的无限乐趣。本书是笔者根据实践经验总结整理，得到了各界同仁的大力支持，特别是叶伊娜、万杨婷和鲁成宇三位老师，为本书提供了大量资料整理和勘误工作，同时参考了一些外文资料和国内著作，在此一并表示感谢。

　　由于笔者水平所限，书中难免存在疏漏之处，恳请广大读者朋友批评指正。

编著者

2020 年 10 月

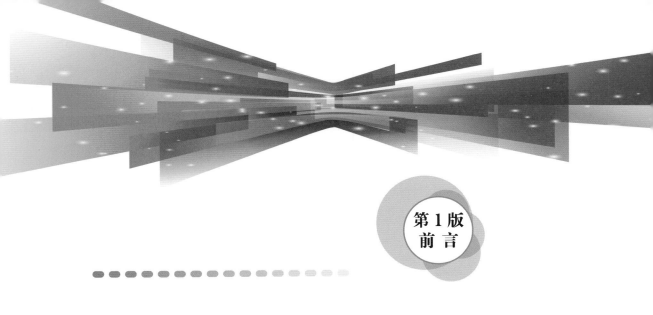

第 1 版
前 言

  随着近几十年来互联网浪潮席卷全球，信息社会已经深入到人类生活的方方面面，这使得传统的生产制造模式已逐渐难以满足社会发展的需要，人们对新工业革命的呼声日益高涨。科学的改进正是科学技术进步的重要因素。而纵览具有推动新工业革命潜力的各项技术中，3D打印技术无疑是最受期待的技术之一。近年来，各路媒体对3D打印技术神奇应用的蜂拥报道，终于使得这一之前非常"高冷"的技术，开始吸引社会各界的目光。

  大量对3D打印技术感兴趣或希望尽快进入3D打印领域的人员，希望能有合适的技术资料以对其一窥究竟。同时，3D打印技术相比传统制造技术而言，更加强调全员参与、全民制造、自我繁殖的理念。但无论是企业还是个人，在面对3D打印机各项复杂的构造和技术细节时，时常感觉力不从心，虽跃跃欲试，但又苦于不知如何入手。

  本书将不仅帮助读者全面了解3D打印这一新兴技术，而且通过详细的引导，帮助零基础的爱好者组装一台属于自己的3D打印机，体会这一技术带来的无限乐趣。本书共8章，从内容设置上主要分为三个部分；第一部分为第1章，从整体上介绍3D打印的发展脉络，以及在各个行业的应用前景；第2至第5章为第二部分，着重帮助读者理清3D打印的工艺现状和相关技术，包括各大技术流派、供打印的模型文件、连接打印机的控制软件以及开源的硬件架构；第三部分第6～8章是本书的亮点，将非常细致地带领大家，一步一步地制作一台属于自己的3D打印机。

  本书是编著者根据自身实践经验总结所得，且参考了一些外文资料和国内著作，由于水平所限，难免有疏漏之处，望广大读者朋友批评指正。

  本书的顺利完成，得到了中科院自动化所吴怀宇老师的细致指导，以及工信部朱刚博士的热情帮助，在此一并表示感谢。

编著者

2015年1月

目录

第1章
技术大爆炸的前夜

第2章
3D 打印带来的新制造

第3章
3D打印的各大流派

第4章
常用打印材料及应用

第5章
打印模型的准备

第6章
化体为面，化面为线——切片引擎

第7章
控制中心——ReplicatorG

第8章
硬件架构——REPRAP

第9章
熔融挤压3D打印机DIY

第10章
光固化3D打印机DIY

第11章
激光烧结3D打印机DIY

我们所说的3D打印技术的基本思想是：把数据、原料放入3D打印机中，机器按照程序计算的运行轨迹把产品一层层制造出来，打印出和数据描述一致的产品，供即时使用。

　　这一基本思想最早可以追溯到100多年前美国研究人员提出的地貌成形和照相雕塑技术，但直到20世纪80年代后期，才发展成熟并被推广应用。在过去的三十余年，该技术一直只存在于小众群体之中，直到近年，各方突然开始加大对相关技术的关注，使其瞬间被推到聚光灯下。各厂商的相关产品井喷而出，媒体的各种相关创新应用报道层出不穷，仿佛一项划时代的技术一夜之间突然出现在众人眼前。

　　这所有的一切，是量变最终引起的质变，还只是一场概念的炒作？

 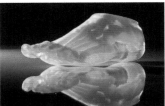 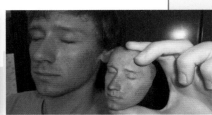

第 1 章

技术大爆炸的前夜

1.1 3D打印技术发展历史 >>>>>>>>>

　　人们将3D打印技术称作"上上个世纪的思想，上个世纪的技术，这个世纪的市场"。因为其起源可以追溯到19世纪末的美国，在业内的学名为"快速成型技术"。一直只在业内小众群体中传播，直到20世纪80年代才出现成熟的技术方案，在当时，撇开其非常昂贵的价格不说，能打印出的品类也极少，几乎没有面向个人的打印机产品，都是面向企业级的用户。但随着时间的推移，在技术逐渐走向成熟的今天，尤其是MakerBot系列以及REPRAP开源项目的出现，使得越来越多的爱好者积极参与3D打印技术的发展和推广（图1-1）。与日俱增的新技术、新创意、新应用，以及呈指数暴增的市场份额，都让人感受到3D打印技术的春天。

　　很多人都认为3D打印技术指某项单一技术，就像传统的复印机复印技术一样。其实并非如此，3D打印技术是一系列快速成型技术的统称，只是都基于叠层制造这一基本原理，即由快速原型机在X/Y轴坐标方向生成目标物体的截面形状，然后在Z轴坐标间断地作层面厚度的位移，最终形成三维制件。如果撇开技术原理上的差异，单纯从硬件结构上来看，3D打印又和传统打印设备非常相似。都是由控制组件、机械组件、打

图1-1 采用3D打印的咖啡拉花作品

印头、耗材和介质等架构组成，并且打印过程也很接近。对于设备用户而言，3D打印和传统打印的最主要的区别在于电脑上要设计出的是一个完整的三维立体模型❶，然后再进行打印输出。

　　由于堆叠薄层的形式不同，3D打印机在打印机理以及打印材料上都有所差异，也因此将3D打印的各项技术划分为多种流派❷。

　　（1）基于光敏树脂的3D打印机。使用打印机喷头将一层极薄的液态树脂材料喷涂在铸模托盘上，此涂层然后被置于紫外线下进行固化处理，接着铸模托盘下降极小的距离，以供下一个图层堆叠上来。

　　（2）采用熔融挤压技术的3D打印机。核心流程是在喷头内熔化原材料，接着喷出后通过降温沉积固化的方式形成薄层，然后逐层叠加。

　　（3）采用喷墨黏粉技术的打印机。使用粉末微粒作为打印介质，先将粉末微粒涂撒在铸模托盘上形成一层极薄的粉末层，然后由喷出的液态黏合剂进行固化。

　　（4）使用激光烧结来熔铸原材料粉末形成指定模型的技术。这项技术被德国EOS公

---

❶ 在本书的第5章中，有对常用设计软件及使用的介绍。

❷ 这里只是简单描述，详细的技术原理和工艺介绍请参见第3章。

司在其一系列3D打印机上所采用。类似的技术还有许多，例如瑞士的Arcam公司，其主要原理则是利用真空中的电子束来熔化粉末微粒以形成模型。

以上提到的这些也不过仅仅是许多成熟技术中的一些核心部分，当遇到包含孔洞及悬挂等复杂结构时，打印原料中就需要加入凝胶剂或其他辅助材料，以提供支撑或用来填充空间。这部分辅助材料不会在打印完成后自动去除，需要进行后处理——用酒精或气流冲洗掉支撑物才可形成孔隙。

现如今可用于打印的材料也越来越多，从各式各样的塑料到金属、陶瓷以及橡胶类物质。甚至有些打印机还能结合不同材料和工艺，如图1-2所示的混合材料打印的物品，便是由多种不同的材料直接打印生成❶。

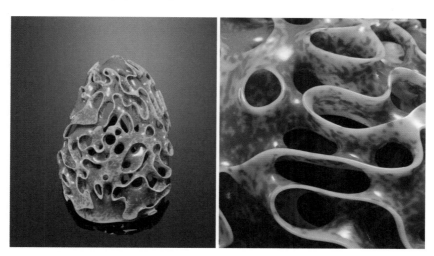

图1-2 多种材料混合打印的物品

让我们先抛开各项繁杂的技术不谈，从一个终端用户的角度来看待3D打印技术，会惊喜地发现它是如此熟悉，其使用的过程和普通打印机几乎完全一样。通常来说，人们使用传统技术的打印机进行打印，过程是这样的：轻点电脑屏幕上的"打印"按钮，一份数字文件便被传送到一台喷墨打印机上，接着打印机将一层墨水喷到纸的表面以形成一幅二维图像。而使用3D打印也是一样，只需要点击控制软件❷中的"打印"按钮，控制软件通过切片引擎❸完成一系列数字切片，然后将这些切片的信息传送到3D打印机上，后者会逐层进行打印，然后堆叠起来，直到一个固态物体成型。

就用户实际感受而言，往往是感觉不到3D打印和传统打印机在制作流程上的不同，能感受到的最大区别在于使用的"墨水"是实实在在的原材料，正是因为这样的相似，快速成型技术才会被形象地称为3D打印技术。但3D打印技术能形成如此繁多的种类、机型，以及良好的用户体验，也是在众多科研人员前赴后继的努力之下，经过了漫长的发展而来的。

业界公认的3D打印技术最早始于1984年，当时数字文件打印成三维立体模型的

❶ 对于不同的打印材料以及典型应用，我们会在第4章详细介绍。

❷ 关于控制软件的介绍及使用，可以参考第7章。

❸ 切片引擎主要用于将立体模型分解为多个横截面，然后将横截面进一步分解为轮廓线，相关介绍可以参考第6章。

图1-3 第一台商用3D打印机SLA-250

技术被查尔斯·赫尔（Charles Hull）率先发明。并且在1986年，他又进一步发明了立体光刻工艺——即利用紫外线照射光敏树脂凝固成型来制造物体，并将这项发明申请了专利，这项技术后来被称为光固化成型（SLA）。随后他继续不懈地努力奋斗，离开了原来工作的Ultra Violet Products公司，开始自立门户，并把新创办的公司命名为3D Systems。并在不久后的1988年，3D Systems公司便生产出了第一台其自主研发的3D打印机SLA-250（图1-3），SLA-250的面世成了3D打印技术发展历史上的一个里程碑事件，其设计思想和风格几乎影响了后续所有的3D打印设备。但受限于当时的工艺条件，其体型十分庞大，有效打印空间却非常狭窄。

1988年，一位叫斯科特·克伦普（Scott Crump）的年轻人发明了另外一种3D打印技术——熔融挤压成型技术（FDM）。这项3D打印技术利用蜡、ABS、PC、尼龙等热塑性材料来制作物体，他在成功发明了这项技术之后也成立了一家公司，并将其命名为Stratasys。在工业应用领域，3D Systems和Stratasys一直是3D打印领域龙头公司，高峰时期曾合计占据全球专业3D打印机销量的四分之三。

1989年，美国得克萨斯大学的卡尔·迪卡德（Carl Deckard）和乔·比曼（Joe Beaman）发明了第三种3D打印技术——选择性激光烧结技术（SLS），这项技术是利用高强度激光将尼龙、蜡、ABS、金属和陶瓷等材料粉来烧结，直至成型。

1993年，美国麻省理工学院教授伊曼纽尔·萨克斯（Emanuel Sachs）也加入了进来，创造了三维喷墨黏粉式打印技术（3DP），将金属、陶瓷的粉末通过黏结剂黏在一起成型。1995年，麻省理工大学毕业生吉姆·布莱特（Jim Bredt）和蒂姆·安德森（Tim Anderson）修改了喷墨打印机方案，实现了将约束溶剂挤压到粉末床上，而不必局限于把墨水挤压在纸张上，随后创立了现代的三维打印企业Z Corporation。

1996年，在一定程度上可以算是3D打印机商业化的元年，在这一年，3D Systems、Stratasys、Z Corporation分别推出了型号为Actua 2100、Genisys和2402的三款3D打印机产品，并第一次使用了"3D打印机"的名称。

另一个重要时刻是2005年，由Z Corporation推出了世界上第一台高精度彩色3D打印机——Spectrum 2510（图1-4）。

图1-4 第一台彩色3D打印机Spectrum 2510

同一年，开源3D打印机项目REPRAP由英国巴斯大学（University of Bath）的艾德里安·鲍耶尔（Adrian Bowyer）发起，他的目标是通过3D打印机本身，来打印制造出另一台3D打印机，从而实现机器的自我复制和快速传播。经过3年的努力，在2008年，第一个基于REPRAP的3D打印机发布，代号为"Darwin"❶，这个打印机可以打印它自身的40%元件，但体积却只有一个箱子大小。

进入2010年，3D打印行业的发展速度明显加快。在2010年11月，一辆完整身躯的轿车由一台巨型3D打印机打印出来，这辆车的所有外部部件，包括玻璃面板都是由3D打印机制造完成的。使用到的设备主要是Dimension 3D打印机，以及由Stratasys公司数字生产服务项目RedEye on Demand提供的Fortus3D成型系统。

2011年8月诞生了世界上第一架3D打印飞机，这架飞机由英国南安普顿大学的工程师建造完成。同年9月，维也纳技术大学也开发了更小、更轻、更便宜的3D打印机（图1-5），这个超小3D打印机仅重1.5千克，价格约1200欧元。

2012年3月，3D打印的最小极限再一次被维也纳技术大学的研究人员刷新，他们利用双光子平版印刷技术，制作了一辆长度不足0.3mm的赛车模型（图1-6）。并且在同年7月，比利时鲁汶大学的一个研究组测试了一辆几乎完全由3D打印技术所制作的小型赛车，其车速达到了140km/h！紧接着在同年12月，3D打印机的枪支弹夹也由美国分布式防御组织（Defense Distributed）测试成功。

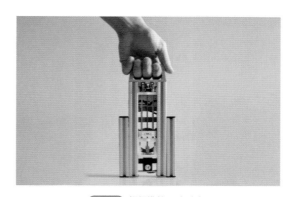

图1-5 超便携的3D打印机

纵观整个3D打印机的发展历史，我们可以看到，随着3D打印技术的多元化以及种类逐渐变多，3D打印机可打印的物品也更加多元、更加丰富。而且，3D打印机的打印价格也在随着3D技术的发展逐渐降低。1999年，3D Systems发布的SLA 7000要价80万美元，而到了2013年推出的Cube 3D打印机仅需1299美元。另外，虽然对于普通用户和制造企业来说，3D打印的大规模产业化时机还没有成熟，但我们从中可以看出3D打印机开始向两极逐渐分化，除了百万元级的大型3D打印

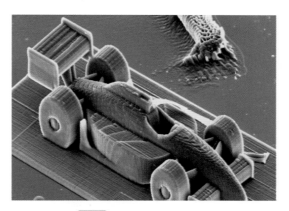

图1-6 显微镜下的3D打印模型

机之外，国内目前也出现了面向个人用户价格为几千元的3D打印机（图1-7）。

❶ REPRAP项目的每一代方案都是采用生物进化领域的著名科学家来命名，例如第一代的达尔文，后续的孟德尔和赫胥黎等。

图1-7 面向消费者的桌面3D打印机

　　虽然目前3D打印技术还受到许多限制，例如缺乏稳定廉价的原材料、高效精确的设备以及成熟的商业应用等。但人们已经在珠宝、制鞋、工业设计、建筑、土木工程、汽车、消费电子、航空航天、医疗、教育、地理信息系统以及其他许多领域看到了它巨大的潜力和价值。因此，我们有理由相信，随着3D打印技术不断发展和大量资源的不断投入，以及不同背景专业人员的积极参与，将很快可以看到3D打印机一次次为我们呈现出的更加精细和更加实用的物品，以此来造福整个人类社会。

1.2　日常生活中的3D打印　>>>>>>>>>

　　3D打印技术经历了30多年的发展，已经日渐成熟并应用到各个行业，如果您稍加留意，就能经常在生活场景中发现3D打印的存在。

　　下面我们用小明同学写的一篇日记《我与3D打印的一天》来向读者展示当前3D打印在日常生活中的应用。

图1-8 3D打印新能源电动汽车XEV

　　今天是2019年6月29日星期六，天气晴朗。今天我和同学小美约好一起去市科技馆体验3D打印，早上爸爸说开着我家新买的3D打印新能源电动汽车（图1-8）送我过去。

　　我们刚要出发，突然他的手机铃声响起，快递员叔叔说有我们的快递，原来是爸爸为我量身定制的3D打印运动鞋到了。前几天，我们在运动鞋专卖店定制了这双鞋子，服务员阿姨专门用一台步态测量设备测量了我的足底，还量了我的脚各个方向的尺寸，据说这样定制出的运动鞋与我的脚型完全匹配，穿上会非常舒服，而且对我的身体生长也有好处，我迫不及待地想穿上这双鞋子（图1-9）。

图1-9 阿迪达斯3D打印运动鞋

取完鞋子，我们就坐着爸爸的3D打印电动汽车前往科技馆，这辆车采用电池供电，不需要加汽油，而且跑起来特别省电，停车方便、外观拉风，我的同学家也都想要买这样的车子。

今天没有堵车，我们很快就到达了科技馆，距离与小美约的时间提前了半个小时。爸爸说我最近经常玩手机，眼镜近视度数肯定又提高了，于是说先带我到科技馆旁边的3D打印眼镜店测一测视力。这家店里有不少人在定制眼镜，我认真观察了他们的工作流程，客户先是站在3D扫描设备前，用30～60秒扫描脸部。然后计算机创建出人脸的三维模型，客户可以在Ipad上选择各式镜框进行虚拟试戴，观看360°的佩戴细节。最后客户选择好自己喜欢的款式和尺寸，眼镜店将客户定制的眼镜架3D打印出来，装上镜片，每个都完美适配人的脸部尺寸（图1-10）。

图1-10 3D打印定制眼镜

经过一番测试，还好我的视力没有进一步下降，这时小美也到了科技馆门口，爸爸送我与小美汇合后就离开了，他今天还要去参加一场3D打印论坛，听说来了很多国际科学家，可惜我不能参加。

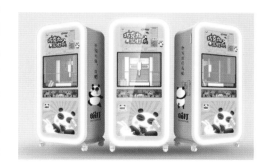

图1-11 "盼打"巧克力3D打印自助售卖机

不过，今天科技馆的活动也是非常丰富的，有一场专门的3D打印嘉年华活动，我们在这里观看了3D打印技术的发展历程宣传片，让我对3D打印有了更加深刻的认知。嘉年华现场展示了大量3D打印的作品，有雕塑、电影道具、飞机、轮船、汽车模型，还有3D打印的衣服、鞋子，3D打印的灯具、面膜、巧克力，3D打印的智能穿戴设备、医护用品、3D打印的首饰、家具。3D打印真的是无处不在，在生活中的方方面面都能发挥作用。

明天是小美的生日，我决定送她一块3D打印的巧克力，刚好科技馆摆放了几台"盼打"巧克力3D打印自助售卖机（图1-11），我为她设计了一个图案打印出来送给她作为生日礼物。

参观结束后，我们一起参加了现场的3D打印体验课程，老师教我们使用3Done建模软件（图1-12）设计了一个机器人，并且使用旁边的FDM 3D打印机打印了出来。

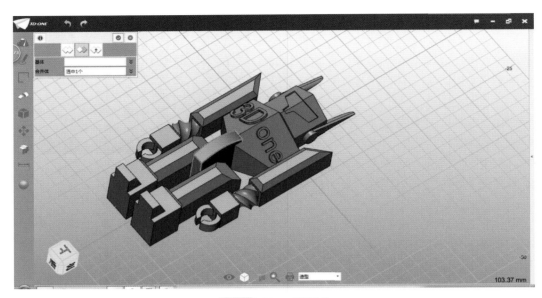

图1-12 3Done建模软件

今天真的是收获满满的一天，下午爸爸接我回家的路上跟我说，我们学校最近也要开设3D打印课程了，我真的非常开心。

1.3 3D打印的优势与劣势 >>>>>>>>>

当前大多数人听到3D打印机时，通常联想到的还是那些老式的、常见的桌面打印机。其实，喷墨打印机和3D打印机的最大区别仅在于两者的维度不同，二维打印机是普通桌面打印机，它是通过在平面纸张上喷涂墨水，而3D打印机则是可以制造出拿在手上的三维立体物体。

3D打印机主要根据计算机传递的操作指令，通过层层堆积原材料制造产品，这点不同于人们以往的认知。在人类历史的大部分时间里，我们都是通过切割原料或通过模具成型来制造新的实体物品。简而言之，3D打印机做的是加法，而我们之前大部分生产工作一直做的是减法。

所以在专业领域，3D打印又被称为"增材制造"，这种叫法是对实际打印过程一种比较贴切的描述。正因为这些基础思想的不同，3D打印能够凭借独特的制造技术制造出许多前所未有的、各种形状的物品。虽然严格来说，3D打印技术已在制造加工车间默默地应用了几十年，并不是一项全新的技术。但在过去的几年里，凭借计算机普及、新型设计软件、新材料应用以及互联网进步等因素的推动，3D打印技术得以迅猛发展，进入千千万万个普通家庭，为更多人所熟知。

在3D打印过程中计算机发挥着相当关键的作用，如果没有计算机进行运算、发出指令，那么3D打印机根本无法独立工作。启动3D打印机前，必须先输入一个设计好的指令集（例如GCode，详见第6章）或设计文件，由它们负责告诉3D打印机如何移动、何时打印等。所以说，3D打印机没有连接计算机以及设计文件的话是没有用处的，就如同没有储存音乐的MP3一样。

通常3D打印的过程为：根据设计文件计算得到的指令集，3D打印机将喷头或激光发射器按预定路径移动，同时喷出固体粉末或熔融的液态材料。通过材料喷出或激光照射形成一个固化的平面薄层。当完成第一层的固化操作后，3D打印机打印头移动到下一层的开始位置，接着在第一层外部再次形成另一薄层。待第二层固化后，打印头再次返回，并在第二层外部形成另一薄层。如此循环往复，通过许多薄层的累积最终形成需要的三维物品（图1-13）。

图1-13 逐层打印及填充

通过了解3D打印机工作的过程，我们可以发现，3D打印机与传统制造设备的不同之处在于，传统制造设备大部分是通过切割或模具塑造来制造物品，而3D打印机则是通过层层堆积形成实体物品，这种生产的方式非常符合现代人类社会，符合现实世界的数字化趋势。随着人们将越来越多现实中的世界数字化后，3D打印机将会越来越成为生产制造的首选设备，它可以将人们虚拟化、数字化的物品，在便捷地传播扩散之后，再快速地还原到实体世界之中。

1.3.1　3D打印技术的六大优势

3D打印机与传统制造设备的不同之处在于，其不像传统制造设备那样通过切割或模具塑造来制造物品。3D打印机通过层层堆积的方式来形成实体物品，恰好从物理的角度扩大了数字概念的范畴。当人们要求具有精确的内部凹陷或互锁部分的形状设计时，3D打印技术便具备了与生俱来的优势。通过具体分析，我们认为3D打印技术至少包含了以下6个方面的优势。

优势1：高复杂度、多样化物品的生产将不会增加成本

其实，3D打印设备制造一个形状复杂的物品与打印一个简单的方块消耗成本是相同的。就传统制造而言，物体形状越复杂，制造成本越高。但对于3D打印机而言，制造形状复杂的物品其成本并不会相应增长。制造一个华丽的、形状复杂的物品也同打印一个相同体积、简简单单的方块，所消耗的时间、原材料或成本都相差无几（图1-14）。

像这种制造复杂物品而不增加成本的打印将从根本上打破传统的定价模式，并改变我们整个制造业成本构成的方式。一台3D打印机可以打印的形状，甚至材料都可以有多种，它可以像经验丰富的工匠一样，每次都做出不同形状的物品。而大部分传统的制造设备功能都比较单一，能够做出的形状种类比较有限。3D打印机还将省去技术人员的培养成本

图1-14 复杂结构一体成型

和新设备的采购费用，当需生产一款新产品时，可以不升级设备、培训员工，而只是简单地导入不同的数字设计文件和一批新的原材料就可以了。

优势2：产品无须组装，缩短交付时间

3D打印机还具备可以使部件一体化成型的特点，这样对减少劳动力和运输方面的花费将有显著的帮助。传统的大规模生产是建立在产业链和流水线基础上的，在现代化工厂中，机器生产出相同的零部件，然后由机器人或工人进行组装。产品组成部件越多，供应链和产品线都将拉得越长，组装和运输所需要耗费的时间和成本也就越多。而3D打印由于其生产特点，可以做到同时打印一扇门以及上面的配套铰链，从而可以一体化成型，无需再次组装。3D打印能够实现一体成型这一特点将可以很好地缩短供应链，节省在劳动力和运输方面的大量成本。

同时，3D打印机还可以根据人们的需求按需打印，这样可以最大限度地减少库存和运输成本。这种即时生产不仅带来商业模式上的革新，同时其带来的便利也大大减少企业的实际库存量，使得企业可以根据用户的订单来启动3D打印机，制造出特别的或定制的产品来满足客户需求，许多新的商业模式将成为可能。如果人们所需的物品可以按需就近生产，那么这种零库存、零时间交付的生产方式还可以最大限度地减少长途运输成本。供应链越短，库存和浪费则越少，生产制造对社会造成的污染也将越少，这些都将对减少社会污染有着极其显著的帮助。

优势3：制作技能门槛降低，设计空间无限

目前在传统制造业中，培养一个娴熟的工人往往需要很长时间，而3D打印机的出现将可以显著降低生产技能的门槛。通过在远程环境或极端情况下批量生产，以及计算机控制制造，这些都将显著降低对生产人员技能的要求。3D打印机从设计文件中自动分割计算出生产需要的各种指令集，制造同样复杂的物品，3D打印机所需要的操作技能将比传统设备少很多。这种摆脱原来高门槛的非技能制造业，将可以进一步引导出众多新的商业模式，并能在远程环境或极端情况下为人们提供新的生产方式。

从制造物品的复杂性来看，3D打印机相比传统制造技术同样具备优势，甚至能制作出目前只能存在于设计之中、人们在自然界未曾见过的形状。传统制造技术和工匠制造的产品形状有限，制造形状的能力受制于所使用的工具。例如，传统的木制车床只能制造圆形物品，轧机只能加工用铣刀组装的部件，制模机仅能制造模铸形状。而3D打印机则有

望突破这些局限，开辟巨大的设计和制造空间（图1-15）。

优势4：不占空间，便携制造

3D打印机的优点还在于可以自由移动，并制造出比自身体积还要庞大的物品。就单位生产空间而言，3D打印机与传统制造设备相比，其制造能力和潜力都更加强大。例如，注塑机只能制造比自身小很多的物品，与此相反，3D打印机却可以制造打印出一样大的物品。3D打印机调试好后，打印设备还可以自由移动，甚至打印制造出比自身还要大的物品。由于其较高的单位空间生产能力，使得3D打印机更加适合家用或办公使用，这些都是有赖于3D打印机所需更小物理空间这一优势。

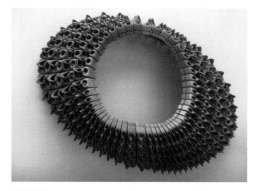

图1-15 传统制造难以制造的物体，3D打印机轻松实现

优势5：节约原材料，并可以多种材料无限组合

相对于传统的金属制造技术来说，3D打印机制造时产生的副产品更少。传统金属加工有着十分惊人的浪费量，一些精细化生产甚至会造成90%原材料的浪费。相对来说，3D打印机的浪费量将显著减少。随着打印材料的进步，"净成型"制造可能取代传统工艺成为更加节约和环保的加工方式。

此外，原材料之间还可以任意组合，将不同原材料结合成单一产品，这对当今的制造机器而言是一项技术难题，因为传统的制造机器在切割或模具成型过程中难以将多种原材料结合在一起，但3D打印机则可以避开这一难题。相信随着多材料3D打印技术的发展，我们有能力将不同原材料无缝融合在一起。以前无法混合的原料混合后将形成色调和种类繁多且具有独特属性和功能的全新材料（图1-16）。

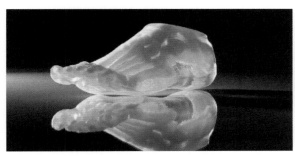

图1-16 多材料混合的3D打印模型

优势6：精确的实体复制

传统的黑胶唱片和磁带，往往只能通过实体物理传递来确保信息不被丢失。而数字音乐文件的出现则带来了革命性的变化，使得信息脱离了载体，可以被无休止地精确复制却不会降低音频质量。在将来，3D打印技术也将在整个生产制造领域，把数字精度延伸到实体世界之中。通过3D扫描技术和打印技术的运用，我们可以十分精确地对实体进行扫描、复制操作。扫描技术和3D打印技术将共同提高实体世界和数字世界之间形态转换的

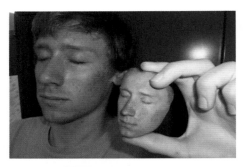

图1-17 高精度的个性化定制

分辨率，缩小实体世界和数字世界的距离。我们可以扫描、编辑和复制实体对象，创建精确的副本或优化原件（图1-17）。

以上部分优势有的已经得到证实，有的可能会在未来的一二十年（或三十年）成为现实。3D打印将一次次突破人们熟悉的、历史悠久的传统制造技术的瓶颈，推陈出新，为整个人类社会今后的技术创新提供一个更加广阔的舞台。

1.3.2 3D打印技术的三大劣势

金无足赤，人无完人。任何新技术都不可能一出现便完美无瑕、无所不能，一定既存在优势同时又有劣势，3D打印技术也是如此，除了前面提到的六大优势外，它至少还存在以下三方面的劣势。

劣势1：材料性能差，产品受力强度低

就现在的科技水平而言，与传统制造业相比，3D打印所制造的产品在很多方面，如强度、硬度、柔韧性、机械加工性等，都与传统加工方式有一定差距。房子、车子固然能"打印"出来，但要能够牢固地驱寒供暖，要能在路上安全可靠地高速行驶，还有很长的路要走。

在之前也有3D打印能打印手枪的新闻被海量的媒体大肆宣传，这样说虽然并没有错，但打印出来的手枪真的能发射子弹？并且完整的手枪是否能打印出来还是只能打印出一部分？至少对于当前最新的企业级3D打印设备而言，其也只能做到基本的枪身由3D打印制作而成（图1-18），至于膛线、枪管以及撞针，还是需要用传统工艺来制造的。

由于3D打印机的制作工艺是层层叠加的增材制造，这就决定了层和层之间即使黏结得再紧密，也无法达到传统模具整体浇铸成型的材料性能。这意味着如果在一定外力条件下，特别是沿着层与层衔接处，打印的部件将非常容易解体。虽然现在出现了一些新的金属快速成型技术，但是要满足许多工业需求、机械用途或者进一步机械加工的话，还不太可能。目前3D打印设备制造的产品也大多只能作为原型使用，要达到作为功能性部件的要求还是十分勉强的（图1-19）。

劣势2：可供打印的材料有限，且成本高昂

目前可供3D打印机使用的材料只有少数几种，常用的主要有石膏、无机粉料、光敏树脂、塑料、金属粉末等。如果真要用3D打印机打印房屋或汽车，光靠这些材料还是差得很远。如果要使用3D打印进行金属材料加工，即使只是一些常见的材料，前期设备投入也普遍在数百万元以上，其成本高昂可想而知（图1-20）。

图1-18 3D打印的枪支不堪使用

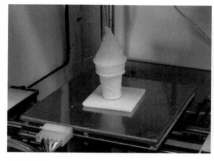

图1-19 3D打印的成品通常无法作为功能性部件使用

图1-20 昂贵的光敏树脂和金属粉末

用3D打印机进行生产制造，除了前期设备价格高昂之外，在日常工作中也有相当大的投入。比如要制作一个金属电机外壳，目前打印这种样品的原装金属粉末耗材每千克都在数万元，甚至数十万元人民币。计算成本时除了成型材料，还需要考虑支撑材料，所以使用高端3D打印机打印样品模型时往往都需要耗费数万元。这相比采用传统的工艺方法去工厂开模打样，使得在不考虑时间成本的基础上，3D打印的优势荡然无存。相信随着3D打印技术的日趋推广，对原材料需求的增加，将一定程度上拉低常用3D打印原材料的价格。目前国产的廉价光敏树脂已经在市场上可以看到，价格也只有国外进口的十分之一甚至几十分之一，但相比传统制造而言，其原材料成本仍然要昂贵许多。

劣势3：制造精度问题

由于分层制造存在台阶效应，每层虽然都分解得非常薄，但在一定微观尺度下，仍会形成具有一定厚度的多级"台阶"，如果需要制造的对象表面是圆弧形，那么就不可避免地会造成精度上的偏差（图1-21）。

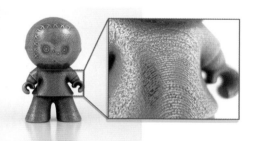

此外，许多3D打印工艺制作的物品都需进行二次强化处理，当表面压力和温度同时提升时，3D打印生产的物品会因为材料的收缩与变形，进一步造成精度降低。

图1-21 3D打印成品中普遍存在台阶效应

1.4 从虚拟到现实的闭环 >>>>>>>>>

科技无处不在，并将深刻地改变我们的社会。科技，它同时映射着我们生活的每一个部分，让我们的想象成为可能。那么，是什么改变着我们的生活，激励着我们不断前行，使我们的世界日新月异，一日千里？可能有多个答案，但我们认为归根结底都来源于科技的进步。

　　放眼古今，纵观上下五千年，人类社会的发展无时不是伴随着科技的进步。科技，也已成为经济和社会发展最为强大的动力。科技的每一个标志性发展都给人类带来方便、快捷，都给我们的社会带来变革和深远的影响。相信在不远的未来，3D打印技术也必将以其强大的推动力，引领社会发展的潮流。

　　有人认为，3D打印技术是继个人电脑、互联网之后，信息技术的重大革新，将会改变互联网的技术基础，甚至会影响整个产业的格局。我们认为通过3D打印技术，只要你能想到、能绘制出，哪怕是现实中不可能的形状，也能唾手可得，这一巨大的魅力将鼓舞人们克服种种困难、不断前行。

　　具体来说，3D打印技术以其详细阐释的特点和数字化设计文件的功能，使我们丰富的创造力与自由的虚拟世界相结合，给我们以完美的视觉和触觉享受。比如：在影视作品上，美国加利福尼亚州的Legacy Effect公司，利用Object 3D打印机为电影特效片段制作3D模型和原型，为演员量身定制许多完全适合演员的脸、颈部和头部的道具。在电影《侏罗纪公园》《阿凡达》《钢铁侠》以及《复仇者联盟》中我们都可以看到3D打印机的杰作（图1-22）。未来，3D打印技术必将以其无穷的魅力鼓舞人类不断前行。

图1-22　Legacy Effect公司使用Object 3D打印机制作的模型

1.4.2 　革新的商业模式将是关键

　　据报道，国家主席习近平于2013年7月21日听取3D打印技术的研发和应用报告后，明确指出"这个技术很重要，要抓紧产业化"。同时，为了尽快推动规模化生产，华中科技大学牵头建设了全国首个3D打印工业园，选址在光谷未来科技城，这是一座大型工业园，集成了3D打印设备制造、材料制造和产品加工等服务于一体。工业和信息化部也出台了《支持3D打印技术研发和产业化方面的六大措施》，主要涵盖以下几个方面。

（1）突破关键核心技术。健全关键共性技术研发体制，支持在有条件的单位建立"国家增材制造中心"，推进高校、科研机构、生产企业及用户企业的协同创新，建设一批产业技术开发平台和技术创新服务平台，围绕3D打印产业链，重点支持3D打印设备、打印软件、材料制备、工艺控制等关键技术的研发。

（2）建立完善标准体系。研究制订3D打印设备、材料、软件、零部件性能标准以及3D打印工艺规范。鼓励国内企事业单位积极参与国际3D打印行业标准制定，推动我国领先领域的国内标准成为国际标准。制订发布3D打印软件、材料、设备发展指导目录。

（3）推进产业化和应用示范。开展3D打印软件开发、材料制备、工艺控制、装备生产、服务的系统性整体攻关，形成完整的产业链。鼓励高校、科研机构采用技术入股的方式，与生产企业联合推进技术成果的产业化。重点选择在航空航天、造船、汽车模具、生物医疗、日常消费品生产等领域推广应用，分步骤、分层次开展应用示范，加快推进产业、技术与应用的协同发展。支持在具备条件的地区设立技术研发及产业化基地，建立增材制造服务中心和展示中心，推动增材制造的产业化和示范应用。

（4）加大财政、金融方面的支持力度。充分利用高端数控机床与基础制造装备重大专项及智能制造装备专项等渠道，支持打印设备、软件、材料制备、工艺控制等关键技术的研发。适时制订发布3D打印软件、材料、设备发展指导目录，支持设立3D打印产业投资基金，引导和鼓励金融资本、风险投资及民间资本投向3D打印研发及产业化应用。

（5）开展社会影响和监管制度研究。充分借鉴国外经验，在标准、管理制度等方面开展国际合作，密切关注3D打印技术的发展、产业化应用以及潜在隐患和风险，适时研究建立相应的监管制度。

（6）健全完善行业组织。促进由科研院所、大专院校、生产和应用企业等参加的产业创新联盟的建立和发展。

同时福建省也相应出台了《福建省关于促进3D打印产业发展的若干意见》，其中明确制订了福建省3D打印产业发展重点和目标，鼓励3D打印技术、产品及服务在各个行业的创新应用；并计划到2020年，培育10家以上产值超10亿元企业，形成较为完整的3D打印产业链，全产业产值超200亿元。这一切都表明，在中国，3D打印技术挖掘应用价值的大幕已经徐徐拉开。

然而，尽管3D打印技术描绘了无限复制的广阔前景和应用价值，包括复制丢失的零件、考古文物、身体器官、乐器，甚至是枪支，但是人们却忽视了更加重要的一点——成本。这种成本既包括经济成本也包括时间成本。由于空间三维物体的基本特征，3D打印虽然不受复杂性限制，但却受制于体积大小。并会引起所谓的"三次方定律"，即随着体积的增加，成本、打印时间、材料数量都会成倍增长。例如我们想要打印两倍大小的物体，我们需要花费8倍的时间和8倍的成本。如果想要打印三倍大小的物体，那么需要花费3的三次方，即27倍的成本和时间，以此类推。

正是由于3D打印技术中"三次方定律"的存在，使得在3D打印领域迫切需要出现一种全新的商业模式，通过采用全新的商业模式去减少3D打印技术在使用过程中的经济成本和时间成本，提升3D打印技术市场化活力，否则3D打印技术应用范围势必大大减少。

1.4.3　长尾理论

长尾理论是指商业和文化的未来，不在于传统需求曲线上那个代表"畅销商品"的头部，而是那条代表"冷门商品"经常被人遗忘的长尾。制造它，传播它，帮助找到它，这将是长尾的三种力量。在当时，亚马逊被视为长尾理论最成功的实践者。在书、影、音等文化数字消费领域，依靠"无尽的货架"，其包含的所有产品都能够被人们随意取得，消费者无尽的选择需求都能得到充分满足，长尾商品往往可以累积起一个足够大的量，与主流热门商品相匹敌。这样一来，即使有前述的"三次方定律"作用，3D打印技术发展仍将导致生产成本的下降，并且是价格曲线台阶式、平行地下降。

简言之，长尾理论讲述的是这样一个故事：以前被认为是边缘化的、许许多多小市场共同占据的一块市场份额，但累积起来时，却足以与任何最大的市场相匹敌。根据长尾理论，3D打印技术将随着大规模工业经济的推动和新型商业模式的采用而使得生产成本逐步下降。这种成本下降的趋势以及3D打印技术原有的优势将形成互补，必将推动3D打印产业化的快速发展。

1.4.4　从现实到虚拟，再从虚拟到现实——一个闭环

早在20世纪90年代中期，那时的电子商务和数字媒体还处于刚刚起步的阶段。在当时的年度畅销书《数字化生存》（*Being Digital*）中，作者尼古拉斯·尼葛洛庞帝（Nicholas Negroponte）充满想象力地预测，娱乐传媒的实体形态（传统的图书出版、光碟租赁和大型电视网络）将面临与恐龙同样的命运——逐渐消亡。但是，他准确预见的其实只是一个开始。集中控制的大众媒体和图书出版的消亡只是数字化、虚拟化的开始。自从20世纪末开始，现实世界各种信息开始走向数字化、虚拟化。仅仅过去二十年左右，人们便建立了一个如此庞大的虚拟世界，并已同现实中的实体世界密不可分地联系在一起。

在虚拟世界中，每个人都拥有更多的自由选择。在各种视频游戏中，人们可以自由选择自身的角色，可以跨越建筑物、长出新的手臂、变身成为不同的实体形状。在虚拟世界中，一切也都变得更加容易。我们要想改变一棵现实世界中树皮的颜色都几乎是不可能的事情，但在虚拟世界中，一切变得非常简单。虚拟世界中的一切行为都可以被编程实现，任何对象的详细信息都可以通过设计文件来进行捕捉、模块化，并通过屏幕上微小的离散光点或像素来构成。

但虚拟世界和实体世界的融合是一个缓慢而微妙且具有阶段性特征的过程。首先，我们要获取实体物品的形状；其次，我们上升到新阶段，控制其材料组成；最后，我们还需要能够控制实体物品的行为。互联网的浪潮帮助我们跨过了从现实到虚拟的第一阶段，接下来在融合的第二阶段，我们将建立从虚拟到现实的渠道。

从虚拟到现实的潜在渠道有很多，3D打印技术通过对物质构成和材料构成的精确控制等多种特征，无疑也是最具竞争力的备选之一。而随着多材料3D打印技术的逐渐成熟，也将为新型的生产方式打开大门，成为虚拟世界和现实世界的一座桥梁。

当前，虚拟与现实世界的鸿沟，人们已建立起从现实到虚拟的渠道，并经历了虚拟世界的蓬勃发展。随着虚拟世界的日益繁荣，人们对建立从虚拟到现实渠道的内在需求也愈加迫切，比特币被全球疯狂追捧，根源上正是来自人们将虚拟世界财富转换到现实世界的内在需求，而3D打印技术不同之处在于，它希望建立的是整个虚拟世界通往现实世界的桥梁。

著名科技杂志《连线》（*Wired*）的前主编克里斯·安德森（Chris Anderson）预见到3D打印技术的巨大发展空间，他认为3D打印技术是一项比互联网更有潜力的技术，并已经决定离职投身3D打印行业的创业之中。他甚至在新书《创客：新工业革命》（*Makers: The New Industrial Revolution*）里这样畅想着新工业的未来：人们利用开源设计和3D打印技术替代传统技术并实现了全民创造，各种硬件设备将被分解为更小的批量，在更短的生产线上便可以完成制造。那时，互联网与制造业将更进一步深度融合，新的制造模式将显著降低制造业的准入门槛，并使得按需生产成为一种常态，这一切都将会给当前全球制造业的产业链和价值链带来冲击和变革。

　　在全球范围以权威和严谨著称的杂志——《经济学人》（*The Economist*），也曾这样描述到：3D打印技术对制造业的意义是颠覆性的，这巨大的颠覆性就像1450年的印刷术、1750年的蒸汽机或者1950年的晶体管诞生时所引发的轰动，3D打印技术也会像这些"前辈"一样在漫长的时光里改变这个世界。

　　只要你有一台3D打印机，任何你能想到的东西，就能设计和打印。那么第三次工业革命是否已经拉开帷幕？

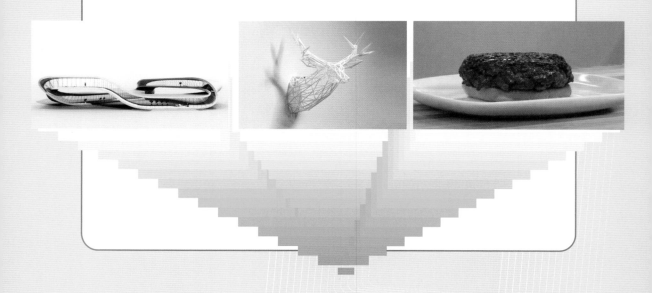

第 **2** 章

3D 打印
带来的新制造

2.1 从虚拟到现实，一个新纪元的曙光 >>>>

无论是小到细胞大到飞机，还是常见如巧克力，又或是遥远的外星基地，未来生活里的一切或许真的都可以用 3D 打印机"打印"出来。3D 打印这一看似前沿的名词早已不知不觉地惠及人们的日常生活，并且会在不久的将来带来方方面面的改变。

上海交通大学的戴尅戎院士认为，3D 打印是第三次工业革命的标志之一，也使我国有史以来第一次有机会参与新一次工业革命的兴起。

2.1.1 一台全能制造的机器

作为"第一生产力"的科技离我们有多远？对我们的未来生活有何影响？或许在不远的将来，人类通过借助互联网及 3D 打印的力量将变得无所不能——知识能够下载，虚拟"打"进现实。3D 打印以其原理简单、用材特殊、发展迅猛、无废弃物的特点，让人们充分感受到依靠科技进步，创造美好未来，建设美好家园的灿烂前景。

美国著名科幻作家罗伯特·希克利（Robert Sheckley）曾写过一篇叫做《万能制造机》（*The Scheherezade Machine*）的小说，在书中为大家讲述了一台可以制造各种物品的机器探索太空的故事。在书中，这台神奇的大机器机身上装置着各种刻度盘和指示灯，操作人员只需要在机器前按下一个按钮，然后对着它描述需要的物品——"我们需要铝制螺母，半径为 2 英寸"。机器一接收到指令，便开始进行制造，伴随低沉的轰鸣声，各种指示灯闪烁，之后闸板缓慢打开，眼前赫然呈现一颗刚刚制作完成的闪闪发亮的螺母。此外，这台无所不能的机器就像奇特的阿拉丁神灯一样，还为他们送来活蹦乱跳的大虾、矿泉水、手表和沙拉酱等。

虽然在现实中，"万能制造"还远远不如科幻小说描绘的那么轻松随意。但如今，通过 3D 打印技术制造的各种零件、食物、机械、建筑甚至人的细胞、肾脏等层出不穷（图 2-1）。或许未来有一天，罗伯特心中那台"万能制造机"能够制造的物品，都可以通过 3D 打印机来实现。

或许，在不久的将来，这种大规模定制化生产的方式将超越传统的规模化生产方法（即注塑模型的生产方法），为人类的各项生产制造工作带来翻天覆地的变化。从服装、食品、建筑到汽车，所有的制造业都将完全脱离劳动密集型的生产模式，大家将不再需要传统意义上的工厂和车间，各种生产线和装配线也会随之消失。

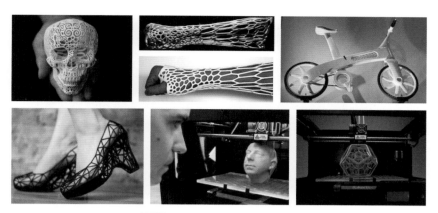

图2-1　3D打印机能够打印的各种物品

2.1.2　瓶颈中的未来

为人类带来跨越式发展的科技往往总是一把双刃剑，在为推动人类进步披荆斩棘冲刺前进的同时，也总是带来痛苦。同样，3D打印带来的变革不仅仅是正面的，还有负面的。这个万能制造机在满足人们各种各样的个性化需求的同时，也会不可避免地带来麻烦（图2-2）。

著名作家郑渊洁提出过疑问，"3D打印机投入市场后，会有用户运用它打印手枪吗？"他的担心并不多余，美国德州大学一名法律学专业的学生——科迪·威尔森（Cody Wilson），成立了一个3D打印枪械团体，并向外界公布了所有设计图纸以供所有人下载，短短数月下载量已经超过10万份。

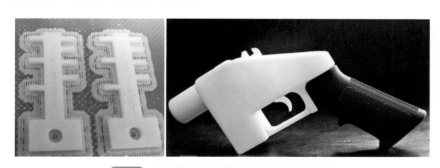

图2-2　3D打印钥匙以及能够通过安检的3D打印手枪

正因为如此，所以在业界也一直存在要求颁布限制3D打印机用途等法律的呼声。但矛盾在于，如果对3D打印技术的用途进行严格控制，将会严重阻碍技术的创新；如若完全放松监管，则将在一定程度上鼓励盗版行为。

"3D打印机将来不是要取代某一个制造业，而是要取代几乎所有的制造业。"作为世界首个公布3D打印机开源数据信息的科学家，英国工程学家艾德里安·鲍耶尔（Adrian Bowyer）表示，"未来你想要什么，只需下载图纸，按一下'打印'键，就可以去喝咖啡听音乐了，剩下的所有事，请统统交给打印机。"

虽然运用前景如此广阔，但当前工业级的3D打印机还是非常昂贵的，平均都在10万美元（约合70万人民币）以上，这给其进入普通家庭带来很大的困难。此外，随着3D打印技术的不断开展，在给制造业带来革新的同时，分布于精密仪器和机械、零部件加工等劳动密集型产业的就业人口都将面临失业的风险。

3D打印技术将有机会让资金和劳动力进行重组，但同时也存在大量涉及知识产权以及隐私的风险。正如数字音乐给传统音乐行业带来的影响一样，随着数字文件更容易仿制和扩散，传统的音乐发行传播方式发生了翻天覆地的变化。而各种新服装、新模型的设计一旦被数字化并进入互联网，就可以被广泛地轻松仿制，那么被盗版的可能性将会大增，这将会对构建人类社会的产权保护制度带来巨大挑战。

虽然还有很多让人充满疑惑的问题，但无论如何，3D打印带来的无穷影响不容小觑。正如《经济学人》所描述，"无穷创造力所能带来的影响，在任何一个时代都是难以估计的，1450年的印刷术如此，1750年的蒸汽机如此，1950年的晶体管也是如此。当今，我们依然无法猜测，3D打印将在漫长的时光里怎样影响这个世界。"

2.2　3D打印面临的挑战　>>>>>>>>

任何一项变革现在都会面临许多各种各样的困难和挑战，3D打印的未来可能未必会像本书中或者某些人所描绘的那样前途光明。虽然，由于3D打印自身的种种优势，让它得到众多关注，并认为是制造业的未来，但我们也必须清醒地在"未来"后面加上"之一"。

纵观人类整个科技史，还从来没有任何一项技术，自一诞生便让所有人都相信它会改变世界并带来变革。每次都是当一部分科技先驱解决了一个又一个问题，征服了一个又一个挑战之后，世界才会愿意为其而改变。

2.2.1　技术层面

3D打印技术虽然在近些年取得了巨大进步和长足发展，也得到了众多行业的接纳和肯定。但在技术层面，有关材料、工艺、设备和应用等方面的挑战及困难依旧存在。

2.2.1.1　工艺条件

工艺条件一方面是指工艺控制。即为使机器之间的连贯性、重复性和统一性得到显著提升，需要借助一系列内部过程监控和闭环反馈的方法。需要从整个工艺过程的角度，认真审查原位传感器，以此来提供无损性评估，并使之能够进行早期缺陷检测，特别是与热能控制有关的缺陷检测。一个好的流程控制将可以显著减少设备故障时间，而这是目前许多3D打印设备和工艺面临的主要问题。

工艺条件另一方面是指设计师在建模过程中便应全面掌握工艺，需要对设备参数和材料性能（如表面粗糙度和疲劳性能）有十分清楚的概念，这些都需要为3D打印工艺创建完整的物理模型。除此之外，还需要更好地理解基础物理学，将有助于创建预测性模型，使设计师、工程师、科学家和用户能够预估零部件在设计过程中的功能特性，并调整设计使结果达到预期。

对于直接零部件生产而言，依然面临4个方面的技术挑战（图2-3）。

图2-3　3D打印技术工艺不够完善

（1）变形开裂：导致其发生的原因主要是热应力控制不好、容易变形，控制变形又容易开裂。

（2）内部质量：力学性能低，无法承受住疲劳、高温等。

（3）技术标准：标准对任何一个新技术产业来说都是很重要的。

（4）成套装备：缺乏大型装备（如真空炉，目前欧洲已具有30t的真空炉），只适合做小型零件激光快速成型。

2.2.1.2　材料可用性

3D打印技术最关键的革新并不在于其技术本身的突破，而在于它对传统制造思想的颠覆。其发展的最关键因素不在于机械制造，而在于供打印原材料的研发。用于3D打印的原材料较为特殊，必须能够液化、丝化、粉末化，而打印后又必须能够重新结合起来，目前能稳定满足这些要求的材料很少，并且制造材料的工艺要求又极高。

现在可供人们选择的3D打印耗材非常有限，市场上常用的耗材多为石膏、塑料、可黏结的粉末颗粒、光敏树脂、沙土等，往往在精度、复杂性、强度和质感等方面都难以达到人们的理想要求。目前大多只能用于一些简单的制作，例如模型、玩具等轻工业民用产品领域，这离完全"打印"汽车、肾脏还有相当长的路要走。而且，即使耗材研发成功，规模化生产、材料配比等都是值得思考的问题，简而言之，耗材在3D打印技术应用和发展中的作用是至关重要的。

但许多企业和技术人员已经认识到并开始逐步解决这些问题。现今，材料的发展前景已渐渐清晰，可供打印的耗材开始逐步从树脂、塑料扩展到陶瓷、金属，乃至最新的金、银以及强度极高的钛和不锈钢等（图2-4）。在3D打印制造中，已出现大量的同质与异质材料混合物，但对于3D打印的巨大应用前景和市场的期待而言，这些还远远不够，仍然需要开发更多的材料。这其中，包括更好地掌握材料的加工、结构、属性之间的关系，以及各种优点和局限性。

图2-4 目前的工业产品大多由众多不同特性的材料构成

除此之外，为了帮助扩展可用材料的种类，还需要开发相应的质量测试程序和方法。另外，还需要为材料提供力学性能数据的规范性标准，以及由这些材料性能制成零部件更加详尽的规范信息。工程师和设计师在没有充分认识材料属性之前，是无法将其用于具体的实际应用的，所设计的零部件都只能停留在模型层面。目前为满足基本的使用，很多3D打印技术所需要的工艺和材料都已经开始着手研发，但相比传统工艺生产的成品仍有不小的差距。因此，需要研究机构和系统与材料制造商的共同参与，建立全面的规范标准需要细致地整合已有资源。

2.2.1.3 设备要求

对于3D打印设备，一方面需要建立设备认证标准以及通用通信接口。设备认证标准可以帮助实现机器到机器以及部件到部件的可重复性。目前，3D打印行业在这一方面发展非常滞后，缺乏严格、完善的行业规范和技术标准，迫切需要政府或行业协会的资格审查程序来规范行业，以使得整个行业能够更加规范、健康地发展。因此，应尽可能对一些必要的程序和流程进行简化，以帮助不同行业的参与者都能够非常便捷地获取3D打印设备所需的各种标准数据。

另一方面是设备的模块化。在不同厂商的3D打印设备中，绝大多数都采用封闭式架构的控制器以及设备模块，这使得用户测试新的上游铸造程序、新型材料都变得非常困难。开放式的架构控制器和可重构设备模块将使制造和二次研究更加灵活，这方面可以参考计算机数控系统（Computer Numerical Control，CNC）的发展模式（图2-5）。

图2-5 除了3D打印机本身，还需要扫描仪等各种配套设备

2.2.1.4　设计工具及技能

3D打印技术在运用计算机辅助设计（Computer Aided Design，CAD）工具上，相比传统制造和打印技术有广泛和更深刻的需求。对于零部件制造等专业领域，需要新的工具来优化形状和材料性能，并同时设计复杂的点阵结构，以最大化地减少材料的使用和浪费。而为了非专业性市场，最新出现一些基于网络的新设计工具为非专业人员提供了很大的便利，使其得以便捷地设计、获取满足其需求的产品。同时，全新的基于互联网的协同设计环境，也可以为专业设计师和初级用户协同工作提供技术支持，这些都将有助于开创新型的个性化设计协作模式。

人们对创造、创新的内在渴望恰好是3D打印的精神本源，而技能一直是"创客"成长过程中的最大障碍。因而，技术的推广必须要能够将少数人的技能，发展成为大多数人都能掌握的技能。所以，建模软件需要学习，对目标产品的了解，这些都是必须掌握的基础内容。而在设计环节之后，和相关人士建立联系、计算产品的市场需求也是需要的。要使每一位设计者都能够参与到漫长的产品链之中，这是非常困难的，因此一方面需要对制造业进行革新，另一方面参与人员的技能掌握也是一项重要的挑战。

2.2.1.5　知识产权的挑战

开源创新一直都是创客运动的标志性大旗，一项产品的设计从最开始便向大众开放，任何人都可对设计进行修改，这些都极度依赖集体自发奉献的智慧。而这同中国人推崇的山寨式生产不谋而合，这种生产方式也在客观上推动了我国的创客革命。但商业社会的现实却是，苹果、三星靠专利取胜，并获取整个行业99%的利润。而山寨机只能靠价格取胜，虽占据巨大的市场份额，但竞争力匮乏。创客所推崇的极端开源精神，跟商业社会注重知识产权保护的传统格格不入。

除此之外，开源的弊端和危险也是客观存在的，3D打印要想为整个社会带来变革式的发展，技术的创新和市场价值的赢得都是不可或缺的支柱。因而，通过合理的法律法规以及兼顾各方利益的平衡机制，来实现开源共享与产权保护，才能为整个行业的健康有序发展提供基础。

2.2.2　市场层面

不管你有什么突发奇想，只需使用三维绘图软件绘制出来，然后输入3D打印机进行打印便可以变成现实，这将是一种"或将无所不能"的神奇产品。也正基于此，国务院参事、友成基金会常务副理事长汤敏认为，"3D打印机是第三次工业革命最具标志性的一个生产工具，这种数字化的制造与新能源、互联网等构成了第三次工业革命。它将会取代传统制造业所用的各种各样的传统加工机械，颠覆性改变制造业的生产方式，最大的特点是不再需要大规模的流水线制造。"但要实现如此美好的愿景，被整个社会所接纳，面对的市场挑战也是巨大的（图2-6）。

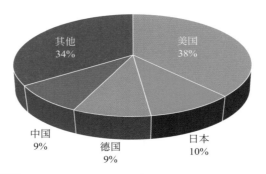

图2-6 全球3D打印设备安装比例（数据来源于Wohlers Report）

2.2.2.1 消费集中，个性化需求未能释放

目前消费者对个性化产品的需求并未得到全面释放，消费行为比较集中，局限于几种，从而导致长尾理论的尾部商业价值不大。长尾要得以存在需满足以下三个前提。

（1）热卖品向窄众、细分、利基市场的转变。

（2）经济发展到富足阶段。

（3）众多小市场聚成一个大市场。

但不管在网店还是实体店铺，消费行为在大多数时间内都是趋同的，每个卖家都希望其产品成为热卖商品，而不是处于长尾的尾部。并且实体世界并不存在"无尽的货架"，中间商或许可以通过大量的尾部商品实现利润，但对于生产商而言却不是如此。同时，即使在长尾形成后，也会面临选择过多的困难，要在鱼龙混杂的市场里为每个消费者挑出合适的商品，此时需要一个强力过滤器来筛选。

长尾面临的最大挑战是：消费行为过度集中，导致长尾的尾部缺乏商业价值。长尾并不能帮助商家很好地获得利润，因为尾部可能会极其扁平，里面充斥着各种冷门产品，而这些产品不过是消费者偶尔的消遣，并不是消费的主流。事实上，消费者在消费时往往会有从众心理，对热门产品的热情总是持续上升的。

2.2.2.2 生产率低，成本高

3D打印机的成本相对而言已经降低了很多，但单个商品的制造成本却依然没有得到很好地解决。使用3D打印机制造商品，一个跟一万个成本没太大的差别。单独制造一件商品的成本，要比大生产企业制造一万件商品后均摊到每一件商品的成本高出很多。消费者都是喜欢价格低的，如何说服他们不去选择价格更低且质量更有保证的那个，这是一个艰难的问题。

再者，3D打印前期需要大量投资，但是利润却不尽如人意，并且也无法规模化，这些条件使得吸引资本力量大规模加入变得很困难。在可预见的将来，3D打印技术也不可能在短时间内取代传统的机械加工。

2.2.2.3 卖家缺少参与动力

重复制造与标准化是大规模生产的内在优势，而3D打印技术却恰恰相反，更适合于个性化与定制化生产（图2-7）。这一生产方式同现今互联网商业模式中的C2B非常相似，都是以聚合消费者需求为导向的反向商业模式。但这一模式面临用户需求不可控制等特

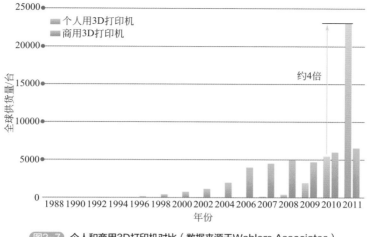

图2-7 个人和商用3D打印机对比（数据来源于Wohlers Associates）

点，如果总是无法获取大规模的需求，企业很容易因为资金断裂而破产。而且，普通企业和个人想在C端组织和完成需求的聚合，也是十分困难的。

虎嗅网曾在《垂直电商对C2B说NO》一文中指出，C2B模式要获取成功必须具备以下三个前提条件。

（1）有利润支撑，依行业而定。

（2）核心是控制供应链。

（3）客户获取成本一定要低，因为C2B会损害卖家利益。

目前众多的3D打印应用中，都没有发现存在很好地满足这些先决条件的情况，因而要想获取商业上的成功、市场的认可，还有许多工作要做。

2.2.2.4　缺乏大平台

《连线》杂志前主编安德森认为，定制和小批量生产才是制造业的未来，这恰恰和马云希望平台上企业"小而美"的理念不谋而合。早在2008年，马云就提出了个性化定制这一概念，其中的潜在含义就是小批量、多品种。阿里巴巴也如马云所说，一直是国内最积极宣传C2B预售概念的电商。阿里旗下的天猫以预售的模式，以销定产、零库存，先聚合需求完成销售，之后再围绕目标进行高效的供应链组织。

但市场貌似尚未准备好，例如淘宝双十二C2B试验就是一个证明，1403万买家向110万卖家发出优惠信号，1012万个宝贝响应，双十二当天有1.5亿买家来淘宝，但是阿里却未按照惯例披露最终成交额。从事前的公关稿满天飞到现在的冷处理，说这是一场虚张声势的C2B也不为过——结果太散，营销点不足，没能真正大面积触动消费者。

工业社会的一个特点就是规模经济，但C2B却反其道而行之，现今也只有淘宝天猫这样拥有庞大用户和雄厚资源的大平台才有机会参与。因此，在有限的商业想象力、缺乏大平台的支持之下，要想将3D打印做成一个大产业是很困难的。

2.2.2.5　消费体验差

消费大多是冲动性的，但3D打印的缺点之一恰恰就是速度慢。在制造之前需要建模，使得设计离生产太远，这个漫长的生产周期就会使一大群消费者失去兴趣。即使可以快速响应，与同类产品相比，其高昂的成本和粗糙的精度也是另一群消费者放弃它的原因。另外还有一个值得关注的点是，消费者大多数情况下可能并不知道自己真的想要什么，配合设计和制造公司完成个性化定制就更是扯远了。

2.3 应用前景 >>>>>>>>>

从3D打印技术的商业应用前景来看，现在已经有一系列的应用在逐渐地改变人们的生产和生活。虽然离大规模应用还有一定的距离，但是如果从未来发展趋势来考虑的话，其潜力将是十分惊人的。现如今在众多领域，如航空航天业、汽车工业、现代制造业、医学和生物工业技术等，它已展现出广阔的应用前景。无论是从个人消费品领域里涉及个性化的创意应用，还是从数量可观的生活品制造方面，3D打印也一次又一次地带给我们巨大的惊喜。

在消费市场，电子照明、影像设计、家具家居、家用饰品、珠宝首饰、建筑模型、教育市场、玩具市场等领域的终端产品市场正迎来爆发。与此同时，也已经有越来越多的国际企业和政府机构正针对交通、航空、国防、医疗保健等领域的核心应用的制造方式进行重新部署，这些都是3D打印的发展机遇（图2-8）。

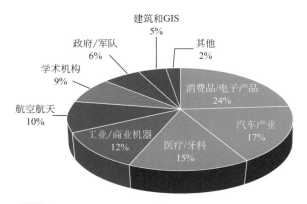

图2-8 3D打印的主要应用领域（数据来源于Wohlers Report）

2.3.1 模型设计

3D打印技术在模型设计、原型制作领域具有非常光明的前景和广泛的适用范围。当前主要的企业级3D打印设备，也多应用在相关领域，主要包括工业制造、建筑模型、首饰定制，以及新兴的3D照相馆等。

2.3.1.1 工业制造

汽车制造一直由于技术复杂、工序繁复，被人们誉为工业制造皇冠上最为璀璨的一颗明珠。但就在温尼伯TEDx会议上，世界首款"3D打印汽车"（图2-9）终于揭开了面纱。这款被命名为"Urbee"的3D打印汽车，车身由特制的3D打印机所打印制造，除了使用超薄合成材料逐渐融合固化，这款最为另类的汽车就像直接绘制而成一般。整款汽车的外形设计非常科幻光滑，让我们很容易联想起科幻电影《第五元素》（The Fifth Element）中未来世界的汽车外形。

图2-9 首款采用3D打印技术制造的汽车——Urbee

3D打印机的到来为我们打开了"数字化制造"的大门，我们将用完全不同的方式来定义、设计和生产机器的部件。Urbee的诞生几经波折，整个研发和制造历经15年才完成。其有三个车轮、两个座位，能耗却十分低，仅为类似大小的普通汽车的1/8，理想状况下百公里油耗仅1L。在动力上，Urbee汽车由一个8马力的小型单缸发动机来驱动，但由于车身重量较轻，因此最高时速可以达到惊人的112km。该汽车的设计公司——加拿大侯尔生态公司，认为该款汽车完全满足人们日常生活的需要，并且非常经济便捷。

该项目主管吉姆·侯尔（Jim Kor）在温尼伯TEDx会议上指出，Urbee是绿色环保汽车的一款里程碑产品。他表示Urbee的制造过程十分简单，并没有什么繁杂的流程，仅仅需要将打印材料按要求放置，然后进行打印即可。由于采用3D打印技术，整个制造过程是一个增材制造的过程，过程中不会有任何原材料被浪费。并且打印的汽车还可以采用多种不同材料来满足不同需求，按设计者所说，他们的下一个目标是使用完全可回收性材料来进行打印制造。到时生产的汽车将具有可回收的优点，但并不是说在短时间内就会分解，整车使用寿命将至少30年。

Urbee汽车工程师在打印时将多层超薄合成材料放置在顶端，使这些超薄合成材料在"逐层打印"的过程中被制作成非常牢固的3D结构，从而使得新生产的汽车有着对于传统工艺而言无可比拟的特点——更轻的重量、更良好的结构、更加新颖的制作工艺。并且还可以根据用户的不同需求来进行个性化制作，最重要的是其制作成本并不会随之而有任何增加。这些都使得3D打印制造的汽车摆脱传统汽车制造业的束缚脱颖而出，成为一款具有划时代意义的产品。

2.3.1.2 建筑模型

随着3D打印技术的日益进步和完善，越来越多的物品开始可以通过3D打印来进行生产制造。不过打印的常见产品大部分都是小件物体，可3D打印的潜力远远比生产一些DIY家居物品要大很多。实际上，3D打印甚至存在完全颠覆传统建筑行业的潜力。

近日，一位来自荷兰宇宙建筑公司（Universe Architecture），名叫Janjaap Ruijsse-naars的建筑师就表示他们希望能用3D打印技术建造一栋建筑。将要建造的这栋建筑被称为"Landscape House"。这个名字的灵感，是来源于该建筑的外形模拟了奇特的莫比乌斯环（图2-10）。

莫比乌斯环（Mobius Band），是一种拓扑学结构，由德国数学家、天文学家莫比

图2-10 奇特的建筑——莫比乌斯环

乌斯和约翰·李斯丁在1858年发现而得名，其结构只包含一个面（表面）和一条边界。要制作一个莫比乌斯环也十分简单，只需用一个纸带旋转半圈再把两端粘上之后就可轻而易举实现，但本身却拥有很多奇妙的特性，例如在任何一个面或沿任何一条边上移动，都将永远在一个环中，无法走出去。

为了制造这样的建筑，Ruijssenaars 与意大利发明家 Enrico Dini（D-Shape 3D打印机发明人）联手，他们计划打印出包含沙子和无机黏结剂的建筑框架，大小为6m×9m，然后用纤维强化混凝土对建筑框架加以填充，最终形成单流设计、上下两层的结构。

这和打印普通的小东西还不相同，打印一栋房子需要用到十分庞大的3D打印机才能完成，而 Enrico Dini 设计的"D-Shape"，恰好可以使用沙砾层、无机黏结剂进行打印，经过测试发现完全能够满足普通建筑的打印需求。但即使是这样的设备，让它直接打印一座庞大的建筑也是十分艰难的，为此 Dini 不得不将建筑拆分开来，只用打印机制作它的整体结构，而外墙面则通过钢纤维混凝土来填充。

Ruijssenaars 打算在著名的欧洲大赛 Europan 来展现这个令他引以为豪的项目，这项赛事每两年在欧洲15个国家举办一次，主要是为年轻工程师的优秀创新方案提供实现的平台。赛事组织者给设计师两年时间来设计他们的方案，同时还准备了50个场地来帮助他们具体实施。

2.3.1.3 首饰定制

珠宝加工由于行业特点，一直是追求个性化的前沿。人们对自身个性的疯狂追求，也使整个行业对个性化的需求十分迫切。而3D打印的出现，将可以完美地平衡消费者个性化需求同加工成本的矛盾，使得制造加工的成本与造型的复杂程度完全没有关联，使成本完全脱离个性化的束缚。在之前由于受到传统加工业技术的限制，使许多非常好的设计只能停留在概念上而无法实现。但对于3D打印技术而言，则恰好可以不受这些因素限制。因此一旦3D打印技术成熟之后，珠宝行业在加工技术、加工成本及造型复杂程度上的问题都会迎刃而解（图2-11、图2-12）。

美国 Shapeways 公司有大量的设计师一直钟爱珠宝类产品的3D打印，该公司为此设计不同3D打印机来尝试各种制造。除了制造业的技术人员，还有很多专业设计师也开始尝试采用3D打印机来制作一些作品。但相比而言，他们更侧重概念设计，设计的产品也

图2-11 带有支撑的3D打印戒指

图2-12 3D打印制造的黄金戒指

多关注于外在的观赏性,并没有完全考虑其具体的使用价值。前瞻突破式的创造固然难能可贵,但是如何利用3D打印技术切入首饰行业,这也应该是每一位普通的设计师需要更加深入思考的事情。

现如今,3D打印机已经在珠宝行业崭露头角,但是如果想完全依靠3D打印机来自动化完成制作,还需要细化很多工作。不过相信在不久的将来,珠宝首饰、日常配饰用品等许许多多的新奇商品都有可能经过3D打印机来到我们面前。这一直是一个供需极不平衡的市场,卖方一直占据主导地位,像潘多拉(Pandora)这样仅仅是稍具个性的品牌便拥有非常强大的溢价能力。可以想象,如果3D打印技术进一步完善到只要你能想到的设计,将其绘制出来便可以打印完成,那将具有多大的商业价值。

2.3.1.4　3D照相馆

看过成龙电影《十二生肖》的观众,都会对这一段场景记忆犹新:成龙扮演的寻宝者用手套在兽首雕像表面一扫描,远程的3D打印机便迅速打印出兽首铜像,其制作出的兽首能达到以假乱真的程度。电影中的3D打印虽然有些艺术的渲染及夸大,目前技术水平还难以达到如此的效果。但是当今3D打印确实正在慢慢地融入人们的生活,无论是机械玩具还是动漫人物模型,这些都不是问题。当然,如果能看到打印出一个和你一模一样的真实人像,那就更有意思了。

处于德国汉堡的初创公司Twinkind,就是一家以经营个人雕塑打印为主的公司。经过公司的不懈努力,现如今要直接打印一个mini版的你已经非常便捷。前来体验的顾客也只需提前预约,然后去店内接受仪器扫描这些简单的步骤,之后便可拿到属于你个人的雕塑。这种雕塑由于是使用塑料制作的,具有很强的可塑性,颜色、纹理、姿势等细节都能制作得十分真实,生活化气息非常浓郁。

Twinkind负责人表示,类似基于3D打印的个人雕塑将替代传统肖像制品,触觉体验就是其最具魔力和最惊奇的地方。它不仅可以再现精细的面部表情,甚至连头发产生的纹理以及衣服的特性都能刻画得十分逼真。这些3D照片具有传统平面照片无法企及的优势,将成为未来照片的发展趋势。

在我们国内,也已经大量出现了这种模式的3D照相馆,流程也大同小异。但是普遍具有一个不完善的地方,就是扫描时间过长,基本都需要15min左右,这就意味着你需要一动不动地像蜡像一般15min保持一个姿势(图2-13)。相比之下,Twinkind只需几秒就可以轻松搞定,避免长时间摆姿势。

在北京市第一家3D照相馆——上拓3D打印体验馆,笔者就亲自体验了一把3D照相的乐趣。虽然没有影片《十二生肖》中那么有科技感,但流程却没有什么区别,大致是工作人员先用3D扫描仪对被拍照者进行360°扫描,然后把被拍照者的3D数据采集到系统里。数据处理需要两个小时,被拍照者的三维信息就被处理成了完整的三维图像文件,然后将经过预处理的三维模型输入到一个柜式3D打印机

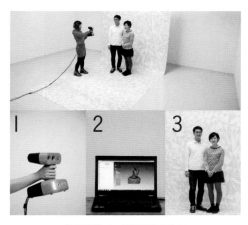

图2-13　3D照相馆拍照流程

中，就可以开始3D打印了。在大约几个小时的打印和后期处理后，最终的3D打印成品就完成了。但现在3D打印的成品价格还是较贵，一个5cm左右高的半身像在现在售价为五六百元，而全身像做下来大概在1500元。据工作人员介绍说，虽然现在来参观和体验的人络绎不绝，但是平均下来每天真正做3D照相的人只有两三个，材料及各方面的昂贵成本是当前3D照相商业化的主要障碍。

一个这么小的模型，为何会如此昂贵呢？据北京上拓科技有限公司市场总监邵漠宇介绍，进行3D打印的打印机是从国外进口的，不仅身价百万，其打印材料价格也昂贵到几千元每千克。尽管如此，3D照相馆里还是不乏好奇的体验者。有的是来尝鲜的；还有的可能用来纪念的；有的则是为了在获得人体数据之后，把自己的头像、下半身在游戏和动漫中进行组合，换成全新的形象，然后再把它打印出来。

邵漠宇认为，个性化定制将是3D打印最大的卖点，原来那些批量化生产的玩具都是借助模具来制作的，但在3D打印的世界里，可以随意创作。不论是照相者自己的模型（图2-14），还是想象中的"它"，都可以进行创作，你可以打印任何一个你喜欢的角色。对于这种小批量的个性化生产来说，3D打印还是具有很大市场前景的。

图2-14 3D拍照的"相片"效果

上拓3D打印体验馆于2012年底开业以来，不到一年时间，全国各地就有三四十家3D照相馆如雨后春笋般兴起。然而在现实中，打印成本居高不下，价格太贵，3D照相馆还处在赔本赚吆喝的阶段。在上拓3D打印体验馆花钱体验的普通消费者并不多，不过来这里探求商机的人却是络绎不绝。

在美国喜剧《生活大爆炸》（*The Big Bang Theory*）中，就提到了3D打印技术，两位主人公花了5000美元买来一台3D打印机，把自己的三维影像扫描后，打印出了袖珍版的自己，这里采用的也正是我们所说的3D照相技术。

2.3.2 教育医疗

由于3D打印技术在个体定制化生产方面的巨大优势，使得其具备颠覆传统的教育、医疗、生物等领域的潜力。目前也已经出现许多激动人心的应用实例，像立体教学、航空科研、定制支架、细胞打印等（图2-15）。

2.3.2.1 立体教学设备

3D打印将会完全彻底改革传统的教育模式吗？由于有些课程理论性太强，一些学生在传统教育下并没有学得很好。学生对学习完全没有兴趣，只能通过死记硬背的方式来通过考试，考试过后就很快忘光。

图2-15 3D Systems设备采用多材料打印的立体地球仪及月球仪

3D打印机有望让枯燥的课程更加生动起来，使学习方式变成视觉和触觉并存，相信这对于学生来说具有很强的诱惑力。在触觉学习中，学生不同于以往只能从纸墨及显示器中阅读文字图形的内容，而是通过他们的触觉抓住核心概念的三维模型，使知识能够被快速吸收，令学生对这门课程产生深刻印象，从而爱上学习。英国著名教师戴夫怀特曾经说过：如果你能抓住学生的想象力，你就能抓住他们的注意力。

传统的应试教育没有开设培养学生"创新精神和创造力"的课程，完全纯粹的理论学习并没有给学生带来智慧，反而会僵化学生的大脑。开设集设计和3D打印于一体的"边学边做"的课程，把数学、物理、地理课中的许多抽象概念让学生自己3D打印出来一些模型进行了解，自己领会，让课程变得生动有趣不再枯燥。3D打印机将激发新一代学生投身科学、数学、工程和设计的热情，并为他们注入活力和创造力。

美国政府已发现了其在教育领域的前景，并迅速地付诸实践。在美国，几乎所有的大中小学都已经开设了3D打印的课程，对青少年进行3D打印创新意识和技术手段的培养，力图让3D打印成为"美国智造"的代名词，并成为中美制造业竞争的重要砝码。

时不待我，我国的3D打印教育也不容拖延。在2013年5月29日召开的世界3D打印技术大会上，中国3D打印技术产业联盟、青岛市政府、青岛尤尼科技有限公司启动了以"点燃中国3D打印未来之光"为主题的对中国百所211大学进行3D打印机捐赠的行动。2013年6月8日，青岛尤尼科技有限公司再次在青岛市政府的支持下，开展了以"3D打印中国梦 科普教育齐鲁行"为主题的中小学3D打印知识义务宣传活动。希望能够借助学生创新思维强、接受新事物能力快的优势，加快普及3D打印技术知识，从而振兴中国3D产业。

2.3.2.2 航空航天模型

飞行器风洞模型是飞机研制过程中极其重要的环节，风洞模型的加工质量、试验周期和测试成本都会直接影响研制效率。目前的风洞模型多采用传统数控加工的方法来进行制造，普遍存在加工周期长、成本高等特点，而且对于复杂外形和结构非常难以加工。3D打印技术将为飞机风洞模型带来一种全新的方式，使得这些问题迎刃而解。

除了传统的模型验证，3D打印在其他地方也发挥重要作用，实际产品制作环节也是其中之一。美国国家航空航天局（NASA）和Aerojet Rocketdyne公司最近成功使用3D打印技术制作了火箭发动机的最复杂部件——喷油器，该火箭发动机喷油器从头到尾都是用3D打印来进行生产制造。图2-16所示的，便是在克利夫兰格伦研究中心（NASA John

H. Glenn Research Center）的火箭发动机燃烧实验室，对液体氧/气态氢火箭喷油器进行点火实验的情景。3D打印技术不仅能提高火箭发动机的制造效率，还能节省制造过程的时间和费用。

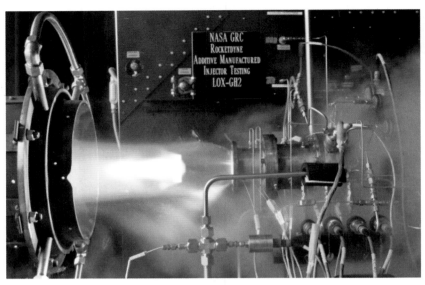

图2-16 NASA正在测试3D打印制造的火箭喷油器

　　泰勒·希克曼（Tyler Hickman）是这次测试的负责人，据其介绍，火箭发动机部件的加工十分复杂，需要耗费大量的精力和时间，而喷油嘴则是整个发动机中最为昂贵的部件之一。Aerojet Rocketdyne公司使用选择性激光烧结技术（SLS），采用高功率激光束融化细金属粉末来形成三维结构的方式，制造了这个非常关键的火箭发动机部件。NASA认识到，"无论是在地球上还是将来在外太空，3D打印技术都将会使制造业的游戏规则发生改变，并且创造一系列新的发展机遇"。

　　NASA的空间技术协作主管迈克尔·加扎里克（Michael Gazarik）认为，通过使用3D打印机，发动机零件甚至是整个飞行器的生产时间和成本都会得到显著降低。按照传统的工艺来生产这款喷油器需要一年以上。但是使用3D打印技术后大幅提高了效率，只用不到4个月便完成生产，同时成本还降低了70%。之前3D打印技术更多的时候是用来做一些不太重要的部件，这次将其用在火箭喷油嘴的制造上是一个里程碑式的进步（图2-17）。如果后续的测试同样理想的话，NASA将计划使用3D打印技术来制造全尺寸的零部件。

图2-17 NASA工程师正在组装和调试设备

2.3.2.3　定制化软骨支架

伦敦的设计博物馆公布了2013年"年度设计"的候选名单，被提名的作品代表了2013年度全球最具创新和前瞻性的设计。名单按不同行业类别分成建筑、电子产品、时尚、家具、图表、产品和运输系统七大类。然后由一支全球范围的评审团，从每类中选出一名优胜者，最后7名优胜者中的佼佼者将获得"年度设计"大奖。

在被提名的设计作品中，有一项设计十分引人注目并脱颖而出，那就是由3D打印所制作的体外骨架——"魔法手臂"（图2-18），它由美国特拉华州威尔明顿市的杜邦儿童医院设计并制造。

小女孩艾玛·拉维丽（Emma Lavelle）自出生以来便一直饱受基因缺陷带来的痛苦，全身关节及肌肉僵硬，功能几乎丧失。当她两岁时，还只能依靠学步车四处走动，她的手臂十分僵硬和虚弱，只得垂在身旁，无法正常活动。就在艾玛的母亲近乎绝望的时候，一名与女儿相同情况的老年人使用威尔明顿机器体外骨架的消息为她带来了曙光。她立刻找到相关医生，咨询是否可以运用到她女儿身上。虽然研发人员极尽努力，将这一设备变小变轻，并与一架轮椅相连，但仍只能提供6岁以上的病人使用。可艾玛只有两岁，远小于适用年龄，迫于此，研发人员不得不再找其他办法。

就在他们寻求突破的方法时，突然发现一台可将电脑设计的作品自动"打印"成真实物体的3D打印机，于是便尝试着用工程塑料"打印"出一个微缩型的机器体外骨架，他们没有想到这次制造会带来如此好的效果。

这种使用3D打印技术制作的机器体外骨架十分结实，其强度完全可以应付日常使用。现在，艾玛无论在家，还是在学前班或接受康复治疗时都可以佩戴，十分实用。在展示的视频中，我们可以看到艾玛戴着这套体外骨架，能够自由自在地画画，甚至堆积木。可以说，这个小女孩的整个人生就因为3D打印技术而从此不同。

但研究人员并不止步于此，一款最真实的生物假肢被英国诺丁汉大学增材制造和3D打印研究学会主管理查德·海格（Richard Hague）设计并制造，每个关节都可以随意移动，还安装了微妙传感器，这种感应器类似螺旋形状的金属触摸传感器（图2-19）。海格说，"这是一个实物模型，其电路能够探测到温度，感触到物体，以及控制手臂运动。3D打印技术赋予我们任意制造复杂、最佳外形的设计，使我们可以集成打印电子、光学以及实现生物学功能。"

图2-18　3D打印的体外骨架——魔法手臂

图2-19　终结者一般的生物假肢

3D打印技术将显著降低假肢的费用，为伤残群体带来更加廉价定制化的产品。由南非设计师理查德·范（Richard Van）倡导的嵌入式"机械手"项目（Robohand），就是为了推广打印廉价、塑料定制化假肢，十分适合那些缺少手指，或者天生手指或脚趾残疾的人群。

2.3.2.4　细胞引导组装

　　人体胚胎干细胞可以分化成所有不同种类的体细胞，分化过程从干细胞开始逐渐形成拟胚体，而细胞3D打印则是一种最新出现的培养一定大小和形状拟胚体的方法。目前，已经有英国研究人员首次使用3D打印机实现了人体胚胎干细胞的打印，并且保持打印后的干细胞鲜活以及发展为其他类型细胞的能力，这在生物学界完全是一个全新技术。研究人员说，这种技术用途将十分广泛，从制造人体组织以测试药物，到制造器官，甚至直接在生物内为生物打印细胞。

　　在此基础上，爱丁堡赫里奥特·瓦特大学（Heriot-Watt University）和罗斯林研究所（Roslin Institute）的研究人员进一步为胚胎干细胞3D打印机配备了两个"生物墨盒"，两个墨盒中分别装着两种不同的打印材料，一个装着浸在细胞培养基中的人体胚胎干细胞，另一个只有培养基。通过计算机控制微调阀来控制"墨水"的喷出，通过喷口的口径来控制打印的速度。

　　此外，在打印机上还配备一个显微镜，用来观察细胞打印的详细状况。两种"墨水"一层一层间隔喷洒，形成不同浓度的细胞飞沫，最小的飞沫体积仅2nL，包含大约5个细胞。飞沫被喷入有诸多凹孔的培养皿中，然后将培养皿翻转，细胞飞沫形成悬液，在各凹孔内"抱成团"。通过3D打印机可以精确控制飞沫的大小，从而使干细胞达到分化的最佳状态。

　　研究人员在最新出版的英国《生物制造》（Biofabrication）杂志上发表论文，根据检测显示，打印24h后，95%以上的细胞仍然存活，表面打印过程未杀死细胞；打印3天后，超过89%的细胞存活，而且仍然维持其多功能性，即分化出多种细胞组织的潜能。

　　目前，研究人员已开始尝试将3D打印干细胞的技术用于制造骨髓和皮肤。借助这种方法，理论上将可以制造出由自身干细胞分化形成的各项器官，解决现在器官移植中的供体短缺问题（图2-20）。到时将无需他人捐献，只需从自身提取干细胞打印培养出需要的器官即可，这还将避免器官移植中的免疫抑制等问题。

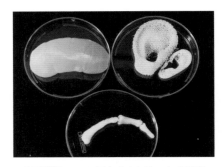

图2-20　用于引导细胞生长的3D打印模型

　　英国《每日邮报》（The Daily Mail）援引主持这项研究的威尔·舒（Will Shu）的话来评价3D打印技术，"就我们所知，这是这些细胞（人类胚胎干细胞）首次通过3D技术打印出来。这一技术将可以使我们制造出更精确的人体组织模型。就长期来看，我们认为这项技术将进一步发展，实现患者使用自己的细胞制造需要的器官并进行医疗移植，""干细胞技术将取得巨大进步，把细胞变成你想要的组织或器官。"

2.3.3　文化艺术

　　在文化艺术领域，比如传统工艺制作的雕塑艺术品、影视道具，以及创意产业，都可能由于3D打印技术的应用而发生更为深远的变革。

2.3.3.1 创意设计

早在2012年初，中央美术学院学生宋波纹成了中国首个使用3D打印技术用于艺术创作的艺术工作者。当时，她3D打印制作的礼帽在比利时设计比赛中获得了亚军，后来又使用3D打印机打印出了一系列作品，包括在2012年6月获得中央美术学院"总统提名"最高奖项的十二水灯系列。图2-21是《十二水灯》与《十二水图》的部分作品，主要制作材料为尼龙。

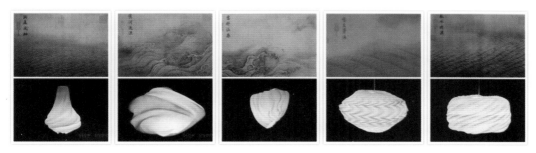

图2-21 采用尼龙进行打印的部分《十二水图》和《十二水灯》

在大学期间宋波纹的专业方向是产品设计，学习期间便一直为没能找到很好的设计载体而苦恼。因为按照传统的方法来实现一些比较复杂新颖的设计是非常困难的，而且也"不可能让你尽情地自由发挥，最终只得多方妥协。可一妥协，就做不出来东西了。"直到有一天她在网上无意中发现了3D打印技术，在迅速了解到这项技术后，她彻底放弃了从前的设计方法，从一个全新的角度思考设计。

但当时国内关注3D打印艺术品的人太少，她只好抱着试试看的心态参加了比赛，至于得奖，出乎她的意料。她认为组织者主要是看中了作品背后所注入的精神方面的东西，参赛礼帽之所以名为"飞檐"，是因为礼帽上有很多精细的线条，这样模特戴着走秀的时候，线条飞扬，与古代建筑形态的飞檐有着异曲同工之妙。在宋波纹看来，3D打印技术与她所追求的艺术理念有许多共通的地方。

首先是3D打印的质感，因为所选用打印的原材料是尼龙，该材料在打印完成的物品中会带有细微的颗粒感，有一种粉末凝结在一起的质感，给人一种宁静、内敛的感觉。

其次是3D打印的过程是一种"生长式"的造物方法，用一种极其简朴的方式却可以表达出最为丰富的内涵。那些看上去不规则分布在水灯上的波纹，但其实都不是通过手工的方法描绘，而是经过三维软件的算法计算而来，不是人类的刻意所为，有着类似于大自然的规律——"自然生成"。另外，3D打印生产整个过程全部由机器自动完成，最大限度上减少人为干预，人们不再用手去控制它和改变它，让它回归到某种程度的"天成"。

图2-22 3D打印给创意一个新载体

最后，3D打印还可以让每件作品都保持独特个性（图2-22）。与传统方式不同，3D打印并不是批量化的生产，在完成每个物品的制作后，下一个还可以有变化。只需要改变一下软件的算法，下一个产品马上就是另外一个样子，这也与我们对社会的认识是一样的，世界本就是一个多元社会，世界上不存在两片完全一样的树叶。

但要能对3D打印技术完全应用自如，也不是一件简单的事情，有非常多的细节，需要设计师和整个制作工艺不断地磨合，才能做到完美。而且，艺术品的打印与其他物品还有许多不同之处，普通物品的重点在于功能需求，而一旦引入到艺术品制作上，那将不仅在性能上有要求，在视觉上甚至触觉上也都会有更高的要求。

2.3.3.2 影视道具

相信看过美国电影《普罗米修斯》（*Prometheus*）的朋友，都会被其中梦幻的科技、惊悚的镜头以及逼真的场景所吸引。而这部电影中众多的场景、道具、服装都是通过3D打印技术来实现的，比如女主角在太空中所使用的头盔，是不是不可思议？

其实，这些模型都是由业内领先的电影制作公司FBFX来制作的，该公司已经拥有20多年制作电影模型方面的经验，在《普罗米修斯》这部电影中，太空头盔等许多关键道具，都是使用3D打印巨头Stratasys公司的Object 30桌面3D打印机制作而成的（图2-23）。

图2-23 电影《普罗米修斯》中的宇航员头盔以及Object 30桌面3D打印机

如今，随着人们生活水平的提高，相应的电影行业也得到了非常迅猛的发展，随之对电影制作等方面也都提出了新的技术要求。由于整个电影业都在逐渐走向数字化，对三维数据模型和3D打印的需求也越来越多。我们继续拿电影《普罗米修斯》中太空头盔来说，为了能达到尽可能真实的效果，对细节也就相应提出了更多的要求，使得最终的模型空间结构变得更加复杂，还需要考虑衣领和头盔的锁环，以确保头盔与太空服能够完美无缝连接等。如果仍然采用传统方式来设计和制作，可能需要花费几个星期才能完成这样的精度和效果，但是如果采用了数字建模和3D打印制作技术，就会在时间上和成本上都得到极大改善。

因此，如果在时间和资金上都有限的情况下，就制作较高精度的模型而言，3D打印技术的实用性在众多行业中都是极具革命性的。

2.3.3.3 美术工艺品

西班牙一位知名的设计师伯纳特·屈尼（Bernat Cuni）最近又冒出了一个奇怪的想法，就是希望能借助新兴的3D陶瓷打印技术，来完成他称为"每天一个咖啡杯"的计划。

通过3D打印技术，将原本只是模型的咖啡杯迅速地制作成触手可及的现实物品，正可以充分体现出这项技术的灵活性和便捷性。虽然屈尼设计的咖啡杯并不都具有实用性，但新鲜的想法和技术的结合还是会带给使用者全新的感觉。

屈尼认为这些咖啡杯是设计师创造力的成果，是对数字制造的最好证明，它实现了一件在以前难以置信的事情——在24h内将产品从概念设计变成消费者手中的最终产品。"每天一个咖啡杯"计划一共历时30天，每天屈尼都会制作出一种稀奇古怪的咖啡杯。每个杯子从构思、设计、成型到制作完成所花费的时间都严格控制在24h以内。另外，制作这些杯子所使用的涂釉陶瓷也完全符合安全、耐热和可循环使用的标准，可以被直接使用。但最大的缺憾是杯子的成本比较昂贵，每个杯子（直径约4.5cm）的价格为36 ~ 81美元。

从商业的角度出发来考虑，迅速地将概念变身实物的能力也是非常重要的，而在整个过程中，3D打印制作的过程仅仅花了大约4h。具体制作的过程只是在平铺的陶瓷粉特定区域内沉积有机黏结剂，每完成一层制作，接着在顶部继续添加陶瓷粉和黏结剂，如此循环直到整个模型完工。接着再将模型送入炉中加热后处理，使黏结剂固化。出炉后，用毛刷扫掉附在外层的陶瓷粉末，这时一个实体的模型就算是制作完成了，而被清理掉的陶瓷粉还可以回收起来用于下一个模具的制造。详细的制作过程可以参考"3.2喷墨黏粉式（3DP）"的介绍。

但如果要想让杯子永久地保持外形结构，只好再将其送入炉子内高温"磨炼"一番。通过使用一种液态喷雾对其预先上釉，减小表面粗糙程度增强质感，然后再进行低温加热，为最终在表面上釉打下基础。层层加工之后，带着亮丽光泽的咖啡杯就算是大功告成了（图2-24）。屈尼的这个计划是一个很好的开始，各种千奇百怪的杯子可以为我们的生活增添许多乐趣，随着3D打印技术的推广，相信到时每个人都可以制作属于自己独有的杯子。

图2-24　3D打印的陶瓷杯子

2.3.3.4　乐器

各种各样神奇的东西都可以被3D打印机打印出来，但大部分外形独特的模型其实都只是不具有实用功能的模型。所以当我们看到3D打印出的物品不仅外形精美，而且还的的确确实用时，那就更加让人震撼了。

预订创新工作室（Bespoke Innovations）的创建者之一斯科特·萨米特（Scott Summit），很早便关注3D打印技术，并制作出新颖美观的假肢。这些假肢不仅具备普通假肢的功能，同时还非常精致美观。但萨米特一直希望能进一步发挥自己的设计和3D打印技术，来实现儿时的一个梦想。近期，他终于实现了预计的目标，并向大家展示了最终的成果——一把吉他，一把完全通过3D打印机打印制作的吉他。

在幼年时，萨米特就曾试图自制一把完全属于自己的吉他，但是价值100美元的木材制作出的吉他声音却很不理想。那么价值3000美元的塑料能改变这个结果吗？在他心中并没有抱什么希望，但实际的结果却令他兴奋不已，塑料吉他的声音非常出色。如今，萨米特正致力于塑料吉他的打印工作。他说他已经预见到生产吉他在3D打印领域的未来，可以设想通过程序让用户精确地选择想要的高音、低音和延音，然后据此定制乐器，送货上门（图2-25）。

图2-25　3D打印的吉他

与最初第一件被3D打印制作出来的乐器相比较而言，这已经迈出了非常巨大的一步，很有可能这是目前为止用3D打印技术制作出来的最复杂的乐器。此前，有设计人员尝试过的3D打印乐器是一支长笛，最终的成品虽然有瑕疵，但仍然可以接受。这让人很期待3D打印在乐器领域的未来，不单只是吉他，还有其他各类乐器。我们甚至无法想象用3D打印制造出铜管乐器演奏交响乐的场景，但是相信一定会有聪明的脑袋去将这样的设想付诸实现。

2.3.4　服装食品

3D打印技术的出现，将有可能把制造业带入一些之前无法想象的行业，使得人们可以像流水线生产手机、汽车零部件一样来生产服装、汉堡，是不是很不可思议？

2.3.4.1　个性晚礼服

当代领先的国际艺术博览会Collect，将返回位于伦敦的萨奇画廊（Saatchi Gallery），并在这个世界上最好的画廊展示其利用3D打印技术创造的一系列设计作品，以此庆祝十周年纪念日。

在2013年5月10日至13日的展会上，一共开设了32个展厅，并有几十位艺术家共同展示设计成果。其中就包括艺术家丹尼尔·威德里格（Daniel Widrig）在展会上，展出一系列利用3D打印技术设计制作的疯狂作品。早在2009年，丹尼尔就创办了自己的工作室，并在2011年同时装设计师Iris Herpeng共同创造了一系列3D打印的礼服，这些作品被《时代》（*TIME*）杂志在2011年评为50项最佳发明之一。此外，他还利用3D打印技术制作了包括家具、珠宝、雕塑和建筑在内的众多作品。

图2-26便是丹尼尔设计的3D打印服装，这些服装利用树脂作为原材料，并采用光固化技术进行制作，具有十分强烈的视觉震撼。让我们试想，如果3D服装打印技术进入实用，同3D人体测量、CAD、CAPP等技术相结合，将可以实现自动化的"单量单裁"。那时每个人都可以成为裁缝师傅，为自己量身打造喜欢的衣服，这恰恰是服装业所热切期盼的新技术。

图2-26 时装发布会上展示的3D打印晚礼服

然而，由于服装的产品外形、材质、使用要求都与其他工业产品大不相同，具有非常鲜明的行业特点，因而对3D打印技术有着不同的要求。

首先最重要的是原材料问题，普通服装面料的原料多为天然纤维和化纤纤维，通过梭织或针织工艺制成面料，再缝制成最终的服装。这一传统工艺显然同3D打印的工艺流程不同，因而必须先从基础入手，研发需要的化学纤维新材料，使其既能满足3D打印耗材的溶解、成型等要求，同时又能够调配适当的颜色，还需要达到纺织品的相关标准，适合人体穿着。

其次是打印设备也需要改进，需要适应服装原料的柔性特点，并能够轻易地大面积喷制出均匀轻薄型材质，因此专用的设备是必需的。要使打印的服装能够达到穿着的要求，还要研究对打印制品的后整理技术和必要的连接技术，以及一系列与之配套的技术。

总而言之，能否大范围推广3D打印服装，关键在于这些技术未来发展所能达到的程度。如果要达到实用化的目标，既需要服装生产企业、材料和设备研究部门共同协作，解决化纤新材料、专用打印设备等难题，也需要结合服装工艺专家和设计专家，并以此带动相关配套产业的发展。

如果完全是市场角度来分析3D打印服装的前景，可以看到社会对服装的社会化制造和个性化生产是具有内在需求的，可以说3D打印服装的市场前景较为乐观、潜力巨大。而从产品供给方分析，服装制造业近年来也一直致力于整个产业的转型升级，许多高新技术都被普遍应用，包括3D人体测量技术、大规模定制技术、敏捷制造技术、一次成型技术等都已初见成果，并形成了一定的用户基础。另外，3D打印机制造业在国内也越来越受到各个方面的重视，最近建立的3D打印技术产业联盟也为各项行业应用提供了技术基础。

当关键技术问题有望解决之后，我们可以对3D打印的商业模式做些思考。例如可以采用门店经营的方式，为有需求的客户提供一对一服务。或者也可以借鉴SAAS模式（Software-as-a-service），在网上租赁，其方式更灵活，更广泛。若以上方式能推广，那么将是现代服务业的理想形式。但按照前面的分析，3D打印技术在服装业的广泛应用还尚需时日。而即使到了那个时候，其单件小批量、个性化及网络化的生产模式，也决定了与规模化服装制造将最可能构成一种相辅相成、互为补充的关系，而并不太可能是替代的关系。

2.3.4.2 新款球鞋

早在2013年，Nike公司便对外展示了其首款采用3D打印技术制作的运动鞋，这双鞋有着非常酷的名字——蒸汽激光爪（Vapor Laser Talon Boot）。据介绍，这款鞋的鞋底主要针对美式橄榄球运动员设计，整体重量只有28.3g，在草坪场地上的抓地力表现非常优秀。另外，它还能加长运动员最初速度的持续时间。简而言之，这是一款可以赋予运动员更快速度和更大力量的鞋。

图2-27所展示的便是Vapor Laser Talon Boot，整个鞋底都是采用3D打印技术制造[1]。根据Nike公司的官方介绍，这款鞋整个鞋底结构非常华丽，并且带来了相当优异的性能。通过采用3D打印技术，不仅减轻了鞋底的重量，而且还减少了加工成型的时间。Nike公司还表示，由于Vapor Laser Talon Boot的成功，他们将会开始在其他产品的鞋底生产中也使用这种技术。

而近年来，3D打印技术作为新型鞋底科技受到各大品牌商的追捧。Adidas、Nike、Under Armour、李宁、匹克等运动鞋品牌，陆续推出创新的3D打印运动鞋，掀起了鞋业创新的浪潮。

相较Nike、New Balance等尝试推出过的3D打印概念鞋，Adidas利用一家硅谷3D打印创业公司Carbon的CLIP技术，推出了4D系列量产3D运动鞋（图2-28）。并且，被认为是Boost之后的下一代Adidas最重视的运动鞋底科技。

图2-27 Nike采用3D打印技术的新款运动鞋　　图2-28 Adidas采用3D打印技术的AlphaEDGE 4D

据介绍，这款AlphaEDGE 4D在采集十几年的运动员数据基础上，通过Carbon的数字光学合成技术(Digital Light Synthesis)，可以精确定位每位运动员对于动作、缓震、稳定、舒适的需求，专为高强度跑步训练打造。相较于一般3D打印技术，这项数字制造技术具有更快的制作速度和更大的制作规模，还具有更好的品控，这无疑会在未来深刻影响制造业。

---

[1] 激光烧结技术，简称为SLS。即通过大功率激光器将热塑性颗粒熔解成预想中的形状，该技术的详细介绍可以在"3.3激光烧结式（SLS）"中看到。

2.3.4.3　情人巧克力

　　英国埃克塞特大学（University of Exeter）的研究人员2012年展出过一款新奇的打印机——3D巧克力打印机，该打印机可以根据使用者自身喜好，制作各种外形的专属巧克力。目前该套设备已经商业化成功，并已经上市销售，当时的售价约合24700人民币，而3D Systems公司2014年跟进推出的ChefJet3D打印机，进一步具备了打印蛋糕和糖果的能力。目前最便宜的巧克力3D打印机ChocaByte已经进入1000元人民币价格区间，同时大量的定制化蛋糕和糖果店，已经用打印设备代替人工制作了。

　　据研究人员介绍，3D巧克力打印机的工作原理同普通喷墨打印机非常类似，在打印物体时也需要经过扫描、分层加工和成型等步骤。不过，它的特点是采用断层逆扫描过程，因而使用者可根据目标物体的常规结构，分层扫描并打出各个部分。也就是说，使用者可根据自身喜好，随意设计巧克力形状，并将其打印出来（图2-29）。

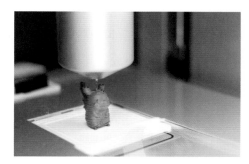

图2-29　可以随意制作的3D打印巧克力

　　这套3D打印机发明者将其命名为Choc Edge，目前Choc Edge的销售主要是通过eBay等线上渠道，全球各地的一些零售商也都表示出了浓厚的兴趣，包括英国最大的巧克力生产商桑顿斯（Thornton's），也公开表示对这套新奇的设计兴趣十足。但因零售价过高，目前还很少有个人用户去购买Choc Edge。

　　Choc Edge的原型机虽然在2012年便已推出，但由于实际运行中存在一些问题，因此没有公开发售，经过一年多的改进优化，如今产品已日趋成熟。研究人员表示，他们对Choc Edge进行许多改进，并且对机器操作程序进行了简化，这样用户在上手操作的时候会更加方便。如今，用户只需融化一些巧克力，装进打印机中的储存器中，然后就可以坐等自己的3D巧克力慢慢被打印出来。

　　在已有的3D打印技术中我们都是通过连续地创建物理材料层，来完成三维形状物体的打印制作，目前这种技术多被应用于生产塑料、金属制品等领域，将其应用到生产制作3D巧克力尚属首次。研究者称："这项发明的独特之处在于，用户可随意设计巧克力的形状。不管是孩子所喜欢的玩具形状，抑或是友好的笑脸形状，Choc Edge都可以办到。同时，考虑到我们使用巧克力作为原材料，在操作过程中就不会存在浪费现象，所有喷洒出来的巧克力都是可以食用的。"

　　这项发明在研究的过程中也遇到了很多挑战，因为巧克力毕竟不同于塑料及金属材料，其在输入和输出进行打印的时候，需要考虑到巧克力的热度和黏稠度，并且要计算得十分准确。英国工程和自然科学研究委员会（EPSRC）的行政总裁戴夫·戴普利（Dave Delpy）就表示："这项充满想象力十足的发明十分了不起。同时，这也是创造性研究能够转化成商机的又一个很好的例证。"

2.3.4.4　3D打印汉堡包

　　一家名为现代牧场（Modern Meadow）的美国公司，多年来一直致力于推进3D打印中的一个技术分支——3D生物打印技术（3D Bioprinting）。这项新技术不同于我们前面介绍过的标准3D打印技术。虽然说传统的3D打印技术如前面介绍，也是可以用来打印巧克力这类食物，但过程和标准3D打印技术都一样，都是先融化再凝结。但现代牧场的3D打印机则不同，并且使用的也是听起来更加怪异的材料——"生物墨水"。

通俗地讲，要打印活的细胞，工程师就需要先在动物身上进行活组织切片，采集到需要的干细胞。由于干细胞本身的特性，不仅可以生长为其他细胞，还能进行自我复制。所以，一旦它们复制生长了足够长的时间，工程师们就可以把它们装进用于打印的材料盒子里，创造出一种"生物墨水"。这种生物墨水由很多活的细胞组成，当用于打印时，这些活的细胞就可以连接在一起形成新的组织。

这个生物打印的过程非常类似于打印用于移植的人造器官，在2.3.2.4和4.2.1章节中也都有相关介绍。目前，现代牧场的研究人员已经使用他们的3D生物打印技术制作出了一个汉堡。虽然在技术上证明了肉类可以作为食物被3D打印（图2-30），但是现代牧场接下来仍然面临许多大的障碍，先不说口感如何，要说服人们改变习惯吃实验室培养的牛肉，恐怕就是

图2-30 采用生物3D打印机制作的牛肉

一件非常困难的事情。另外一个最重要的问题是成本，现代牧场的一个汉堡包或牛排的价格目前还是天文数字。譬如，BBC报道的荷兰的马斯特里赫特大学的研究组做的动物干细胞培养，来制作人工肉，如果目标是做一个汉堡的量，那么这个过程中各种成本加起来，会使一个汉堡的价格高达30万美元。

可以看出，3D打印汉堡这个想法现在看起来还非常疯狂又愚蠢，但确实有许多著名的投资人愿意为其前景纷纷投资支持，比如Facebook的早期投资者皮特·泰尔（Peter Thiel），他便给现代牧场投资了35万美元。虽然花费十分昂贵，但如果考虑到它还处于技术的早期，更何况研究人员已经成功证明了3D打印可食用的"合成肉"的技术可行性，所以说很多新技术就是这样，谁也无法预测突然哪一天，它就真的派上了大用场。

2.3.5 建筑桥梁

利用3D打印技术建造房子，是人们最关注的3D打印应用领域之一，毕竟人人都需要住房，但是房价高，人们希望通过新的技术来降低房屋的建造成本。

2.3.5.1 3D打印房子

"轮廓工艺"的创始人美国南加州大学教授Behrokh Koshnevis可以说是首先走上这条道路的人之一。Khoshnevis于1996年提交了建筑3D打印专利。目前，他在该领域拥有超过100项活跃专利。

2014年，Khoshnevis设计打造了一台巨型的建筑3D打印机（图2-31），该设备可以在20h内建造出约232m²的完整房屋，这为传统建筑领域带来了新变革。

近年来，3D打印的建筑在全球遍地开花，美国、中国、俄罗斯、荷兰、法国、迪拜等国家纷纷尝试使用3D打印技术来建造房屋。其中，中国积累了大量的建筑3D打印案例，比如由盈创建造的全球首幢3D打印精装别墅（图2-32）。该别墅共两层，建筑面积为1100m²，墙体打印仅耗时1天，3个工人、1辆吊车、3天便安装完成。而且墙体可设计为空腔，加入保温材料，节能、节材、环保、安全。后期进行表面涂装和内部装修后即可用于居住，该建筑没有改变传统建筑的梁、板、柱结构，符合钢筋混凝土建筑验收标准。

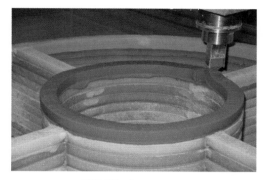

图2-31　建筑3D打印机

图2-32　采用3D打印技术建造的别墅

2.3.5.2　3D打印桥梁

2019年1月，世界最大规模3D打印混凝土步行桥在上海落成（图2-33）。该桥由清华大学建筑学院徐卫国教授团队设计研发，并与上海智慧湾共同建造。

该步行桥全长26.3m、宽度3.6m，桥梁结构借取了我国古代赵州桥的结构方式，拱脚间距14.4m，其强度可满足站满行人的荷载要求。整体桥梁工程的打印用了两台机器臂3D打印系统，共用450h打印完成全部混凝土构件；与同等规模的桥梁相比，它的造价只有普通桥梁造价的三分之二；该桥梁主体的打印及施工未用模板，未用钢筋，大大节省了工程花费。

该步行桥桥体由桥拱结构、桥栏板、桥面板三部分组成，桥体结构由44块0.9m×0.9m×1.6m的混凝土3D打印单元组成，桥栏板分为68块单元进行打印，桥面板共64块也通过打印制成。这些构件的打印材料均为聚乙烯纤维混凝土添加多种外加剂组成的复合材料，经过多次配比试验及打印实验，目前已具有可控的流变性满足打印需求；该新型混凝土材料的抗压强度达到65MPa，抗折强度达到15MPa。

除了3D打印的别墅和桥梁之外，3D打印的公共卫生间、公交车站、岗亭、花坛等也纷纷出现在新闻报道中。虽然目前绝大部分案例仍然是用于观光和试验的，但相信用不了多久，3D打印的建筑物就会走进普通人的生活。

图2-33　3D打印混凝土桥梁

3D打印机的名称源自英文"3D Printers"，是近年来该类产品的生产商针对消费者市场创建出来的一个新名词，在专业技术领域则一直被称为"快速成型技术"。

　　快速成型技术又被称为快速原型制造技术（Rapid Prototyping Manufacturing，简称RPM），最早出现于20世纪80年代后期，是一种基于材料堆积思想的高新制造技术，被公认为近三十年来制造领域的一项重大成果。但快速成型技术并不是某项单一技术，它集成了包括机械工程、CAD、逆向工程、分层制造、激光、材料科学、数控等技术于一身。该系列技术的目的都是将设计模型快速、自动、直接、精确地转变为具有一定功能的原型或直接制造零件，从而为零部件原型的制作、新设计思想的验证等提供一种高效且低成本的实现手段。简单来说，快速成型技术就是利用三维设计模型的数据作为输入源，提供给快速成型设备，设备再将一层层的材料堆积成实体原型。

第 **3** 章

3D 打印的各大流派

3D打印技术在业界还没有形成一个明确的分类，但根据成型技术的基本思想不同，大致可以划分为两大类别——选择性沉积型和黏合凝固型。再从具体实现技术的角度又可以进一步细分，其中选择性沉积型就可以划分为熔融挤压式（Fused Deposition Modeling，FDM）、层叠法成型（Laminated Object Manufacturing，LOM）等。而黏合凝固型则主要包括：喷墨黏粉式（Three Dimensional Printing and Gluing，3DP）以及选择性激光烧结（Selected Laser Sintering，SLS）等应用类型。除此之外，还存在一些混合了两种基本思想的应用技术，例如光固化成型（Stereo Lithography Apparatus，SLA）。

但是无论采用哪种技术来实现，3D打印技术都具备一些共同的特点：首先需要对待打印物体建立数字模型❶；然后根据设定的厚度进行分层切片处理，生成二维截面的信息❷；接着根据各层的截面信息以及工艺特点，制作出二维截面的形状；重复生成二维截面，并层层叠加，最终形成三维实体。切片生成的各层厚度可以相等，也可以不相等。分层越薄，打印出的物体精度越高；分层越厚，打印完成消耗的时间越短。

由于这些技术本质存在许多共同点，使得不同技术的打印过程都非常相似。在《叠层制造技术：直接数字制造的快速成型》（*Additive Manufacturing Technologies: Rapid Prototyping to Direct Digital Manufacturing*）一书中，列出了叠层制造（AM）过程中通用的8个步骤。

第一步：计算机辅助设计（CAD）——用CAD软件建造一个三维模型。此软件通过使用某些材料的科学数据，建造出一个虚拟模型，从而预测打印出的物体在不同的情况下将怎样运作。此外，通过这种方法，该软件能为成品结构的完整性提供一些线索。

第二步：转到STL——从CAD制图转换到STL模板。STL是标准镶嵌语言（Standard Tessellation Language）的英文缩写，STL是1987年为三维制造系统开发出的文件格式，供立体光固化成型（Stereo Lithography Apparatus，SLA）设备使用。

第三步：转到AM机器和STL文件处理——AM的使用者将STL的文件拷贝到计算机中，由计算机控制三维打印机工作。在这里，使用者能够指定打印尺寸和方向。这和你用平面打印机进行双面打印或调整横纵方向一样。

第四步：设置机械——对于怎样为新的打印工作做准备，每一台机器都有它独特的需求。这不仅包括填充聚合物、黏结剂和打印机所需的其他材料，同时也需要安装一个托盘作为基础，或者使用一种能够建立水溶性支撑结构的材料。

第五步：建造——让每台机器都做它自己的工作；建造过程几乎是自动化的。每一层通常是0.1mm厚，有时也会厚一点或薄一点。这取决于物体的大小、使用的材料和打印机本身。建造过程可能会持续数小时甚至数天。在这个过程中要定期检查进度，确保无误。

第六步：移出——将打印好的产品（或一些情况下的多个产品）从机器里取出来。这时要采取相应的保护措施以避免对人身造成伤害，例如戴上手套是为了避免直接接触高温的表面或者有毒的化学物质。

第七步：后期加工——对许多三维打印机打印出的产品需要做一些后期处理，包括刷去所有的残留粉末，或是冲洗产品以除去水溶性的支撑结构。由于一些材料需要时间硬化，所

❶ 常以STL文件保存，详见第5章。
❷ 通过切片引擎来实现，详见第6章。

以刚打印出的产品在这个环节是十分脆弱的。因此我们要倍加小心以确保它不被损坏。

第八步：应用——使用这一打印产品。

3.1 熔融挤压式（FDM）

>>>>>>>>>

熔融挤压（Fused Deposition，FD）又叫熔融沉积、熔丝沉积，主要采用丝状热熔性材料作为原材料，通过加热熔化，将液化后的原材料通过一个微细喷嘴的喷头挤喷出来。原材料被喷出后沉积在制作面板或者前一层已固化的材料上，温度低于熔点后开始固化，通过材料逐层堆积形成最终成品。

3.1.1 技术原理

在我们描绘熔融挤压式3D打印机的工作原理之前，我们可以先设想这样一个场景：首先你拿着一根被加热过的牙膏，在牙膏盒里面都是液态的，但只要你把它一挤出来就会马上凝固；然后你把这根牙膏头朝下拿着，并往桌面上挤，边挤边水平移动，就像写毛笔字一样；等你完成桌面上一层的工作后，把牙膏再往上抬一点，接着往第二个平面上继续挤牙膏，这时挤出来的牙膏会和之前的牙膏粘在一起，先挤出的牙膏会固化形成后面挤出牙膏的支撑；最后你不断地重复以上过程，直到挤出了你想要的形状。这其实就是FDM的基本思想，也是市场上新出现的3D打印笔的工作原理。

根据这样的基本思想，工程师们将原材料预先加工成特定口径的圆形线材[1]，然后将制作成线形的原材料通过送丝轴逐渐导入热流道，在热流道中对材料进行加热熔化处理。在热流道的下方是喷头，喷头底部带有微细的喷嘴（直径一般为0.2 ~ 0.6mm），通过后续线材的挤压所形成的压力，将熔融状态下的液态材料挤喷出来，工作原理如图3-1所示。

由于工艺需要，在3D打印机工作之前，一般都需要先设定各层间距、路径的宽度等基本信息，然后由切片引擎对三维模型进行切片并生成打印路径。接着在上位软件和打印机的控制下，打印喷头根据水平分层数据作X轴和Y轴的平面运动，Z轴方向的垂直移动则由工作台来完成。同时，线材由送丝部件送至喷头，经过加热、熔化，一般将加热温度设为原材料熔点之上几度，这样当材料从喷头挤出黏结到工作台面上时，便会快速冷却并凝固。这样打印出的材料迅速与前一个层面熔结在一起，当每一层截面完成后，工作台便下降一个层厚的高度，打印机接着再继续进行下一层的打印，一直重复这样的步骤，直至完成整个设计模型。

---

[1] 常见的包括直径1.75mm和3mm两种规格。

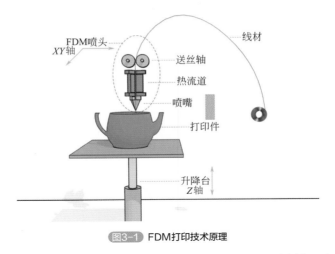

图3-1 FDM打印技术原理

FDM工艺的关键是保持从喷嘴中喷出的、熔融状态下的原材料温度刚好在凝固点之上，通常控制在比凝固点高1℃左右。如果温度太高，会导致打印模型的精度太低，模型变形等问题；但如果温度太低或不稳定，则容易导致喷头被堵住，打印失败。

目前，最常用的熔丝线材主要包括ABS、PLA、人造橡胶、铸蜡和聚酯热塑性塑料等。一些采用FDM工艺的设备有时会需要使用两种材料：一种用于打印实体部分的成型材料；另一种用于沉积空腔或悬臂部分的支撑材料。

3.1.2 工艺过程

FDM工艺流程如图3-2所示。

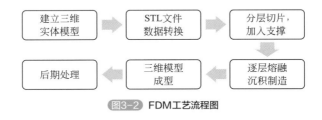

图3-2 FDM工艺流程图

3.1.2.1 制作待打印物品的三维数字模型

一般由设计人员根据产品的要求，通过计算机辅助设计软件绘制出需要的三维数字模型。在设计时常用到的设计软件主要有Pro/Engineering、Solidworks、MDT、AutoCAD、UG等。

3.1.2.2 获得模型STL格式的数据

一般设计好的模型表面上会存在许多不规则的曲面，在进行打印之前必须对模型上这些曲面进行近似拟合处理。目前最通用的方法是转换为STL格式进行保存，STL格式是美国3D System公司针对3D打印设备设计的一种文件格式。通过使用一系列相连的小三角平面来拟合曲面，从而得到可以快速打印的三维近似模型文件。大部分常见的CAD设计软件都具备导出STL格式文件的功能，如Pro/Engineering、Solidworks、MDT、AutoCAD、UG等。

3.1.2.3 使用切片软件进行切片分层处理，并自动添加支撑

由于3D打印都是对模型分解，然后逐层按照层截面进行制造，最后循环累加而成。所以必须先将STL格式的三维模型进行切片，转化为3D打印设备可处理的层片模型。目前市场上常见的各种3D打印设备都自带切片处理软件，在完成基本的参数设置后，软件能够自动计算出模型的截面信息。

3.1.2.4 进行打印制作

根据前面所介绍的FDM打印技术原理，可以想象在打印一些大跨度结构时系统必须对产品添加支撑部件。否则，当上层截面相比下层截面急剧放大时，后打印的上层截面会有部分出现悬浮（或悬空）的情况，从而导致截面发生部分塌陷或变形，严重影响打印模型的成型精度。所以最终打印完成的模型一般包括支撑部分与实体部分，而切片软件会根据待打印模型的外形不同，自动计算决定是否需要为其添加支撑。

同时，支撑还有一个重要的目的是建立基础层。即在正式打印之前，先在工作平台上打印一个基础层，然后再在该基础层上进行模型打印，这样既可以使打印模型底层更加平整，还可以使制作完成后的模型更容易剥离。所以进行FDM打印的关键一步是制作支撑，一个良好的基础层可以为整个打印过程提供一个精确的基准面，进而保证打印模型的精度和品质。

3.1.2.5 支撑剥离、表面打磨等后处理

对FDM制作的模型而言，其后处理工作主要是对模型的支撑进行剥离、外表面进行打磨等处理。首先需要去除实体模型的支撑部分，然后对实体模型的外表面进行打磨处理，以使最终模型的精度、表面粗糙度等达到要求。

但根据实际制作经验来看，采用FDM技术打印的模型，在复杂和细微结构上的支撑很难在不影响模型的情况下完全去除，很容易出现损坏原型表面的情况，对模型表面的品质会有不小的影响。针对这样的问题，3D打印界巨头Stratasys公司在1999年开发了一种水溶性支撑材料，通过溶液对打印后模型进行冲洗，将支撑材料进行溶解而不损伤实体模型，才得以有效地解决这个难题。而目前我国自行研发的FDM打印设备都还无法做到这一点，打印模型的后期处理仍然是一个较为复杂的过程（图3-2）。

3.1.2.6 材料的使用

与其他3D打印技术相比，可供FDM打印的原材料选择范围较广，在进行模型实体材料选择时主要需考虑以下因素。

（1）黏度：如果黏度越低则阻力越小，有助于成型且不容易堵喷头。

（2）熔点：熔点温度越接近常温，则打印功耗越小，且有利于提高机器的使用寿命，减少热应力从而提高打印精度。

（3）黏结性：材料的黏结性将决定打印物品各层之间的连接强度。

（4）收缩性：材料的收缩率越小，则打印出的物品精度越有保证。

而对于支撑材料，FDM的工艺要求主要有以下几个方面。

（1）根据实体材料的不同，支撑材料要能够相应地承受一定高温。

（2）支撑材料与实体材料之间不会浸润，以便于后处理。

（3）同实体材料一样，需要较好的流动性。

（4）最好具有水溶性或酸溶性等特征。

（5）较低的熔融温度为宜。

3.1.3 技术特点

在不同技术的3D打印设备中，采用FDM技术制造的设备一般具有机械结构简单、设计容易等特点，并且制造成本、维护成本和材料成本在各项技术中也是最低的。因此，在目前出现的所有家用桌面级3D打印机中，使用的也都是该项技术。而在工业级的应用中，也存在大量采用FDM技术的设备，例如Stratasys公司的Fortus系列。

FDM工艺的关键技术在于热熔喷头，需要对喷头温度进行稳定且精确的控制，使得原材料从喷头挤出时既能保持一定的强度，同时又具有良好的黏结性能。此外，供打印的原材料等也十分重要，其纯度以及材质的均匀性都对最终的打印效果产生影响。

如前所述，FDM技术的一大优势在于制造简单、成本低廉。对于桌面级3D打印机来说，也就不会在出料部分增加控制部件，致使难以精确地控制出料形态和成型效果。同时温度对于FDM成型效果影响也非常大，而桌面级FDM 3D打印机通常都缺乏恒温设备，这个导致基于FDM的桌面级3D打印机的成品精度通常为0.3～0.1mm，只有少数高端机型能够支持0.1mm以下的层厚，但是受温控影响，最终打印效果依然不够稳定。此外，大部分FDM 3D打印机在打印时，每层边缘容易出现由于分层沉积而产生的"台阶效应"，导致很难达到所见即所得的3D打印效果，因而在对精度要求较高的情况下很少采用FDM设备。

概括来讲，FDM技术的主要优点如下。

（1）热融挤压部件构造原理和操作都比较简单，维护操作比较方便，并且系统运行比较安全。

（2）制造成本、维护成本都比较低，价格非常有竞争力。

（3）有开源项目做支持，相关资料比较容易获得。

（4）打印过程工序比较简单，工艺流程短，直接打印而不需刮板等工序。

（5）模型的复杂度不对打印过程产生影响，可用于制作具有复杂内腔、孔洞的物品。

（6）打印的过程中原材料不发生化学变化，并且打印后的物品翘曲变形相对较小。

（7）原材料的利用率高，且材料保存寿命长。

（8）打印制作的蜡制模型，可以同传统工艺相结合，直接用于熔模铸造。

但相比其他技术而言，也存在一些明显的缺点。

（1）在成型件表面存在非常明显的台阶条纹，整体精度较低。

（2）受材料和工艺限制，打印物品的受力强度低，特殊结构时必须添加支撑结构。

（3）沿成型件Z轴方向的材料强度比较弱，并且不适合打印大型物品。

（4）需按截面形状逐条进行打印，并且受惯性影响，喷头无法快速移动，致使打印过程速度较慢，打印时间较长。

3.1.4　典型设备

供FDM打印的材料一般多为热塑性材料，如蜡、ABS、PC、尼龙等。标准打印材料一般以丝状线材提供（卷轴丝），材料成本普遍较低，国产ABS或PLA每千克单价多在100元以内。并且与其他使用粉末和液态材料的打印设备相比，丝材更加干净，更易于更换、保存，打印过程也不会形成粉末或液体污染。

市场上熔融挤压式的3D打印机非常多，特别是面向普通消费者的桌面级打印机，更几乎是FDM的天下。最为大家所熟知的像MakerBot公司

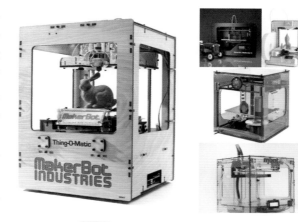

图3-3　市场上常见的各种FDM桌面机

的Thing-O-Matic、Replicator系列打印机、3D Systems公司的Cube打印机（图3-3），都是采用FDM技术的入门级3D打印机。

除了面向消费者的桌面机外，FDM在工程机械领域也有众多产品，例如Stratasys公司生产的Fortus系列3D打印机，该系列3D打印机都采用两个熔融挤压式喷头，一个喷头用于打印实体材料，另一个喷头用于打印水溶性支撑材料，然后采用辊轮式送丝部件完成进料功能。目前，国内大部分3D打印设备厂商推出的也多是采用FDM技术的设备。

3.2　喷墨黏粉式（3DP）　>>>>>>>>>

喷墨黏粉式3D打印技术（Three Dimensional Printing and Gluing，3DPG，常被称为3DP），又称为三维印刷技术，是由美国麻省理工学院（MIT）的伊曼纽尔·萨克斯（Emanuel M.Sachs）和约翰·哈格蒂（John S.Haggerty）所开发。之后又

有许多科研人员对该技术多次进行完善和改进，终于形成了今天的三维印刷快速成型工艺。

喷墨黏粉式打印技术使用的原材料主要是粉末材料，如陶瓷粉末、金属粉末、塑料粉末等。其主要工作原理是，先铺一层粉末，然后使用喷嘴将黏合剂喷在需要成型的区域，让材料粉末黏结形成部件截面。接着通过不断重复铺粉、喷涂、黏结的过程，层层叠加，以获得最终需要的三维模型。

3.2.1 技术原理

3DP打印技术原理如图3-4所示，工作流程同其他章节所描述的非常相似，只是在工作台上的原材料不是片材而是粉材。大概流程是在每一层黏结完毕后，成型缸都需下降一个距离（层厚高度），供粉缸上升一段高度，推出多余粉末，并被铺粉辊推到成型缸，铺平并压实。

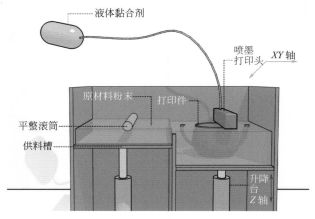

图3-4　3DP打印技术原理

其中，黏合剂喷头负责X轴和Y轴的运动，在计算机控制下，按照下模型切片得到的截面数据进行运动，有选择地开关喷头进行黏结剂喷射，最终构成截面图案。3DP的工作原理和二维喷墨打印机非常相似，这也是三维印刷这一名称的由来。在完成单个截面图案的打印之后，打印台下降一个层厚单位的高度，同时铺粉辊进行铺粉操作，将打印台面下沉导致的凹陷处重新铺平，接着再次进行下一层截面的打印操作。如此周而复始地送粉、铺粉和喷射黏结剂，最终完成一个通过黏结剂黏结的三维粉末体，将其进行后期处理后便得到了需要的成型件。

从工作方式来看，该工艺与传统二维喷墨打印最接近，并且还与后面将介绍的激光烧结（SLS）工艺一样，都是通过将粉末黏结成整体来制作零部件，不同之处在于，SLS工艺是通过激光熔融的方式黏结，而不是通过喷头喷出的黏结剂。3DP技术还有一个很大的优势在于可以给打印喷头配上墨盒，这样在喷出黏结剂时可以实时添加上各种不同的色彩，从而实现全彩色工件的打印。

3.2.2　工艺过程

目前的3DP设备多采用粉末材料作为原材料，主要有陶瓷粉末、金属粉末和塑料粉末等。然后通过黏结剂的黏力来绘制图层，受黏结剂黏力的限制，该工艺打印制作的零部件强度普遍较低，必须进行后期处理。具体打印工艺流程如下。

（1）在上一层黏结完毕后，成型缸下降一个层厚的距离，供粉缸上升一个高度，通过平整滚筒推出一定的粉末，将工作台铺平并压实。

（2）平整滚筒铺粉时多余的粉末被集粉装置收集。

（3）喷头在计算机控制下，按下一建造截面的成型数据有选择地喷射黏结剂建造层面。

（4）如此周而复始地送粉、铺粉和喷射黏结剂，最终完成一个三维粉体的黏结。

（5）未被喷射黏结剂的地方为干粉，在成型过程中起支撑作用，且成型结束后，比较容易去除。

（6）将打印好的物体进行烧制等后续处理。

喷墨黏粉式3D打印工艺的精度主要受两个方面的影响：一方面是打印完成后通过黏结剂黏粉生产的粉末坯件精度，在打印时，喷涂黏结过程中喷射黏结剂的定位精度，液体黏结剂对粉末材料的冲击作用以及上层粉末重量对下层零件的压缩作用均会影响打印坯件的精度；另一方面还包括坯件二次加工（焙烧）的精度，后续烧制等处理会对打印坯件产生收缩和变形甚至微裂纹等影响，这些都会对最后零件的精度造成干扰。

3.2.3　技术特点

3DP技术的优势主要集中在成型速度快、无需支撑结构，而且能够打印出全彩色的产品，这是目前其他技术都比较难以实现的。当前采用3DP技术的设备不多，比较典型的是ZCorp公司（已被3D Systems公司收购）的ZPrinter系列，这也是当前一些高端3D照相馆所使用的设备❶。ZPrinter系列高端产品Z650已能支持39万色的产品打印，色彩方面非常丰富，基本接近传统喷墨二维打印的水平。在3D打印技术各大流派中，该技术也被公认在色彩还原方面是最有前景的，基于该技术的设备所打印的产品在实际体验中也最为接近原始设计效果。

但是3DP技术的不足也同样非常明显，首先打印出的工件只能通过粉末黏结，受黏结剂材料限制，其强度很低，基本只能作为测试原型。其次由于原材料为粉末，导致工件表面远不如SLA等工艺成品的光洁度，并且精细度方面也要差很多。所以为使打印工件具备足够的强度和光洁度，还需要一系列的后处理工序。此外，由于制造相关原材料粉末的

---

❶ 在本书"2.3.1.4　3D照相馆"中，展示3D照相馆打印效果的图2-13中的模型，便是采用ZPrinter 650所制作。

技术也比较复杂、成本较高，所以目前3DP技术的主要应用领域都集中在专业应用上面，桌面级别的项目仅有一个PWDR❶在启动，但版本还处于0.1的初始状态，能否大范围推广还需要后续观察。

概括来讲，采用3DP工艺的3D打印设备，相比其他打印技术而言，其主要优点如下。

（1）打印速度快，无需添加支撑。

（2）技术原理同传统工艺相似，可以借鉴很多二维打印的成熟技术和部件。

（3）可以在黏结剂中添加墨盒以打印全色彩的原型。

而该工艺最致命的缺点在于成型件的强度较低，只能做概念验证原型使用，难于被用于功能性测试。

3.2.4 典型设备

目前，采用3DP技术的设备多为工业级应用的大型设备，面向普通消费者的桌面级3D打印机还未面世，图3-5是ZCorp公司生产的3DP系列打印机ZPrinter 650。

图3-5 ZCorp的3DP打印机——ZPrinter 650

3.3 激光烧结式（SLS） >>>>>>>>>

激光烧结（Selective Laser Sintering，SLS），又称为选区激光烧结或选择性激光烧结技术，最早由美国得克萨斯大学（Texas University）的卡尔·戴克（Carl Deckard）提

---

❶ PWDR项目是一个开源的基于粉末的3D打印方案，该方案可以灵活用于实现3DP和SLS。

出，并于1992年完成商业原型设备正式推向市场。

激光烧结式3D打印技术主要是利用粉末材料在激光照射下高温烧结的基本原理，通过计算机控制光源定位装置实现精确定位，然后逐层烧结堆积成型。所以，SLS技术同样是使用层叠堆积成型的方式，不同之处主要在于，在照射之前需要先铺一层粉末材料，然后将材料预热到略低于熔点温度，之后再使用激光照射装置在该层截面上进行扫描，使被照射的部分粉末温度升至熔化点，从而被烧结形成黏结。接着不断重复进行铺粉、烧结的过程，直至整个模型被打印成型。

SLS工艺主要支持粉末状原材料，包括金属粉末和非金属粉末，然后通过激光照射烧结原理堆积成型。SLS的打印原理同SLA❶十分相似，主要区别在于所使用的材料及其形态不同。SLA所用的原材料主要是液态的紫外光敏可凝固树脂，而SLS则使用粉状材料。这一成型机理使得SLS技术在原材料选择上具备非常广阔的空间，因为从理论上来讲，任何可熔的粉末都可以用来进行制作，并且打印出的模型可以作为真实的原型制件使用。

3.3.1　技术原理

激光烧结技术是快速成型工艺中的一种，中文还被译为：粉末材料选择性激光烧结、激光选区烧结或粉末烧结等。早在1986年，美国得克萨斯大学的研究生卡尔·戴克便提出了Selective Laser Sintering（SLS）的思想，并于1989年研制成功。凭借这一核心技术，戴克稍后还组建了DTM公司，在1992年发布了第一台基于SLS的商业成型机。之后一直成为SLS技术的主要领导企业，直到2001年被3D Systems公司完整收购。几十年来，得克萨斯大学和DTM公司的科研人员在SLS领域做了大量的研究工作，并在设备研制、工艺和材料研发上取得了非常丰硕的成果。另外，还有德国的EOS公司也在这一技术领域积累深厚，拥有许多的专利技术，并开发了一系列相应的成型设备。

在国内，目前已有多家单位开展了对SLS的相关研究工作，如华中科技大学、南京航空航天大学、西北工业大学、中北大学和北京隆源自动成型有限公司等，取得了许多重大成果，如南京航空航天大学研制的RAP-I型激光烧结快速成型系统、北京隆源自动成型有限公司开发的AFS-300激光快速成型的商品化设备。

选择性激光烧结的技术原理如图3-6所示，主要加工过程为：先采用铺粉辊将一层粉末材料平铺在已成型零件的上表面；并通过打印仓的恒温设施将其加热至恰好低于该粉末烧结点的某一温度，接着控制系统控制激光束按照该层的截面轮廓在粉层上照射，使被照射区粉末温度升至熔化点之上，进行烧结并与下面已制作成型的部分实现黏结；当一个层截面被烧结完成后，打印平台下的工作活塞下降一个层厚的高度，铺粉系统为凹陷的工作台铺上新的粉材；然后控制激光束再次照射烧结新层，如此循环往复，层层叠加，直到完成整个三维零件的打印成型工作；最后，将未烧结的粉末回收到粉末缸中，取出已成型工件。

---

❶ SLA，光固化成型技术，详见"3.4　光固化成型（SLA）"。

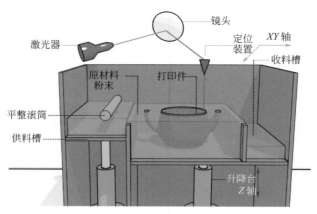

镜头

激光器

定位装置

XY轴

收料槽

原材料粉末

打印件

平整滚筒

供料槽

升降台
Z轴

图3-6 SLS打印技术原理

同其他打印设备不同，SLS打印的模型并不能一打印完马上拿出来使用，而需要等待整个原型充分冷却之后，才能将其拿出并放置到工作台上，否则原型可能由于温度过高给操作者带来危险。当整个原型被取出后，可以用刷子小心刷去表面粉末，打印后回收和残留的粉末都可以再次重复使用。

对于使用金属粉末作为原材料进行激光烧结，在烧结之前，整个工作台都会被加热至一定温度。这样做可有效减少打印过程中的热变形，并利于层与层之间的黏结。在打印过程中，未经烧结的粉末对模型的空腔和悬臂部分起着支撑作用，因此不必像SLA和FDM工艺那样另行添加支撑结构，但在打印封闭结构时，必须留有孔洞以便内部支撑粉末的清理。

3.3.2 工艺过程

目前激光烧结技术已经可以选用非常多的粉末材料，并制成相应材质的部件。由于工艺成熟，打印的成品普遍具备精度好、强度高等优点。但SLS最大的优势还在于可以直接完成金属成品的打印，打印完成的零部件可以直接满足测试性需求。并且激光烧结技术可以直接烧结金属零件，也可以间接烧结，最终成品的材料强度远远优于其他3D打印技术。当前SLS设备家族中最为知名的是3D Systems公司的sPro系列，以及德国EOS的M系列。

根据前面介绍的SLS工艺原理，其具体工艺过程可概括如下。

（1）整个打印仓在打印期间，始终保持在粉材熔点略低一些的温度。

（2）将材料粉末铺撒在已成型零件的上表面，并刮平。

（3）使用高强度的CO_2激光器在刚铺的新层上照射出零件的层截面，材料粉末在高强度的激光照射下被烧结在一起，并与下面已成型的部分黏结。

（4）当一层截面被烧结完成后，通过铺粉系统新铺一层粉末材料，然后进行下一层截面的打印。

激光烧结技术虽然优势非常明显，但是也同样存在缺陷。首先便是粉末烧结带来的表面粗糙，需要后期打磨处理；其次是需使用大功率激光器，使得需要较高的设备购买和维护成本，以及配套的保护、控制部件，设备整体技术复杂度高、制造难度大，普通用户无法承受，难于大范围推广。所以目前SLS设备的应用范围主要集中在高端制造领域，尚未有桌面级SLS 3D打印机开发的消息，要进入普通民用领域，可能还需要很长一段时间。

3.3.3 技术特点

与其他3D打印机技术相比，SLS工艺最突出的优点在于它可以打印使用的原材料十分广泛。从理论上说，任何加热后能够形成原子间黏结的粉末材料都可以被用来作为SLS的成型材料。目前，已可成熟运用于SLS设备打印的材料主要有石蜡、高分子、金属、陶瓷粉末和它们的复合粉末材料。由于SLS工艺具备成型材料品种多、用料节省、成型件性能好、适合用途广以及无需设计和制造复杂的支撑系统等优点，所以SLS的应用越来越广泛。

具体来讲，SLS的优点主要有以下几点。

（1）与其他工艺相比，能生产强度高、材料属性优异的产品，甚至可以直接作为终端产品使用。

（2）可供使用的原材料种类众多，包括工程塑料、蜡、金属、陶瓷粉末等。

（3）零件的构建时间较短，打印的物品精度非常高。

（4）无需设计和构造支撑部件。

相对其他3D打印技术，其缺点主要包括如下几个方面。

（1）关键部件损耗高，并需要专门实验室环境。

（2）打印时需要稳定的温度控制，打印前后还需要预热和冷却，后处理也较麻烦。

（3）原材料价格及采购维护成本都较高。

（4）成型表面受粉末颗粒大小及激光光斑的限制，影响打印精度。

（5）无法直接打印全封闭中空的设计，需要留有孔洞去除粉材。

3.3.4 典型设备

3D打印机技术中，金属粉末SLS技术一直是近年来人们研究的一个重要方向。实现使用高熔点金属直接烧结成型零件，有助于制作传统切削加工方法难以制造的高强度零件，对快速成型技术更广泛的应用具有特别重要的意义。图3-7是一款比较典型的SLS设备，3D Systems公司的sPro系列。

从未来发展来看，SLS技术在金属材料领域中的研究方向主要集中在单元体系金属零件烧结成型，多元合金材料零件的烧结成型，先进金属材料如金属纳米材料、非晶态金属合金等的激光烧结成型等方向，尤其适合于硬质合金材料微型元件的成型。此外，还可以根据零件的具体功能及经济要求来烧结形成具有功能梯度和结构梯度的零件。相信随着人们对激光烧结金属粉末成型机理的掌握，对各种金属材料最佳烧结参数的获得，以及专用快速成型材料的出现，SLS 技术的研究和应用也将会进入一个新的局面。

图3-7 3D Systems公司的sPro 140激光烧结打印机

3.4 光固化成型（SLA） >>>>>>>>>

光固化成型（Stereo Lithography Appearance，SLA）也被称为立体光刻成型，属于快速成型技术中的一种，简称为 SLA，有时也称为 SL。该技术是最早发展起来的快速成型技术，也是目前研究最深入、技术最成熟、应用最广泛的快速成型技术之一。

光固化成型技术主要是使用光敏树脂作为原材料，通过特定波长与强度的激光（紫外光）聚焦到光固化材料表面，使之由点到线、由线到面顺序凝固，从而完成一个层截面的绘制工作。然后在垂直方向上升降打印台一个层厚单位的高度，接着再照射固化下一个层面。这样循环完成固化、移动的过程，从而层层叠加完成一个三维实体的打印工作。

3.4.1 技术原理

光固化成型技术最早由美国麻省理工学院查尔斯·赫尔（Charles Hull）在 1986 年研制成功，并于 1987 年获得专利，是最早出现的、技术最成熟和应用最广泛的 3D 打印技术。主要以光敏树脂为原材料，通过计算机控制紫外激光发射装置逐层凝固成型。SLA 工艺能简洁快速并全自动地打印出表面质量和尺寸精度较高、几何形状复杂的原型。

光固化打印效果除了受打印设备的影响，还受光敏树脂材料性能的很大影响。供使用的打印材料必须具有合适的黏度，固化后需具备一定强度，并且在固化时和固化后产生的收缩及扭曲变形较小。更重要的是，为了实现高速、精密地完成打印操作，需要供打印的光敏树脂具有合适的光敏性能，不仅要在较低的能量照射下完全固化，而且树脂的固化深度也应合适。

SLA技术原理如图3-8所示，在计算机控制下，紫外激光部件按设计模型分层截面得到的数据，对液态光敏树脂表面逐点扫描照射，使被照射区域的光敏树脂薄层发生聚合反应而固化，从而形成一个薄层的固化打印操作。当完成一个截层的固化操作后，工作台沿Z轴下降一个层厚的高度。由于液体的流动特性，打印材料会在原先固化好的树脂表面自动再形成一层新的液态树脂，因此照射部件便可以直接进行下一层的固化操作。新固化的层将牢固地黏合在上一层固化好的部件上，循环重复照射、下沉的操作，直到整个部件被打印完成。但在打印完成后，还必须将原型从树脂中取出再次进行固化后处理，通过强光、电镀、喷漆或着色等处理得到需要的最终产品。

需要特别注意的是，因为一些光敏树脂材料的黏性非常高，使得在每层照射固化之后，液面都很难在短时间内迅速流平，这将会对打印模型的精度造成影响。因此大部分SLA设备都配有刮刀部件，在打印台每次下降后都通过刮刀进行刮切操作，便可以将树脂十分均匀地涂敷在下一叠层上，这样经过光照固化后可以得到较高的精度，并使最终打印产品的表面更加光滑和平整。

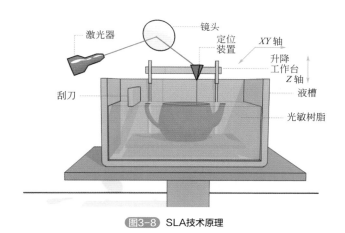

图3-8 SLA技术原理

SLA技术的特点是精度高、表面质量好、原材料利用率几乎达到惊人的100%，能用于打印制作形状特别复杂、特别精细的零件，非常适合于小尺寸零部件的快速成型。但缺点是设备及打印原材料的价格都相对比较昂贵。

目前SLA技术主要集中用于制造模具、模型等，同时还可以在原料中通过加入其他成分，用于代替熔模精密铸造中的蜡模。虽然SLA技术打印速度较快，精度较高，但由于打印材料必须基于光敏树脂，而光敏树脂在固化过程中又会不可避免地产生收缩，导致产生应力或引起形变，因此该技术当前推广的一大难点便是急需收缩小、固化快、强度高的光敏材料。

此外，类似SLA的技术原理，衍生出一些相关技术，例如DLP（Digital Light Pro-cessing，数字光处理）、LCD等。与SLA的点到线、线到面逐渐成型的过程不同，DLP技术主要利用数字微反射镜器件的动态光，同时固化一层树脂，因而打印速度更快。不过，由于DLP打印机使用像素化的光照射，在层边缘处显示看起来像"阶梯台阶"的细微伪影，影响成型件精度，并且成型尺寸相较SLA要小。而LCD技术，简单的理解就是DLP

技术的光源用LCD来代替，但打印精度和打印速度都有所下降，且LCD屏普遍使用寿命不长（图3-9）。

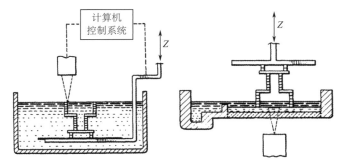

图3-9 SLA（左，Top-down）和DLP/LCD（右，Bottom-up）的机械设计对比

3.4.2 工艺过程

光固化成型SLA技术的工艺过程一般可分为前处理、原型制作、清理和固化处理四个阶段。

（1）前处理阶段主要内容是围绕打印模型的数据准备工作，具体包括对CAD设计模型进行数据转换、确定摆放方位、施加支撑和切片分层等步骤。

（2）光固化成型过程是SLA设备打印的过程。在正式打印之前，SLA设备一般都需要提前启动，使得光敏树脂原材料的温度达到预设的合理温度，并且启动紫外激光器也需要一定时间。

（3）清洗模型主要是擦掉多余的液态树脂，去除并修整原型的支撑，以及打磨逐层固化形成的台阶纹理。

（4）对于光固化成型的各种方法，普遍都需要进行后固化处理，例如通过紫外烘箱进行整体后固化处理等。

3.4.3 技术特点

光固化成型技术的优势在于成型速度快、原型精度高，非常适合制作精度要求高，结构复杂的小尺寸工件。在使用光固化技术的工业级3D打印机领域，比较著名的是Object公司。该公司为SLA 3D打印机提供超过100种以上的感光材料，是目前支持材料最多的3D打印设备。同时，Object系列打印机支持的最小层厚已达到16μm（0.016mm），在所有3D打印技术中，SLA打印成品具备最高的精度、最好的表面光洁度等优势。

但是光固化快速成型技术也有两个不足，首先是光敏树脂原料具有一定毒性，操作人员在使用时必须具备防护措施。其次，光固化成型的成品在整体外观方面表现得非常好，但是材料强度方面尚不能与真正的制成品相比，这在很大程度上限制了该技术的发展，使得其应用领域限制于原型设计验证方面，后续需要通过一系列处理工序才能将其转化为工业级产品。

此外，SLA技术的设备成本、维护成本和材料成本都远远高于FDM等技术。因此，目前基于光固化技术的3D打印机主要应用于专业领域，桌面级应用尚处于启动阶段，包括Form1❶和B9❷项目，相信不久的将来会有更多低成本的SLA桌面3D打印机面世。

具体来讲，SLA打印技术的优势主要有以下几点。

（1）SLA技术出现时间早，经过多年发展，技术成熟度高。

（2）打印速度快，光敏反应过程便捷，产品生产周期短，并无需切削工具与模具。

（3）打印精度高，可打印结构外形复杂或传统技术难于制作的原型和模具。

（4）上位软件功能完善，可联机操作及远程控制，利于生产的自动化。

相比其他打印技术而言，SLA技术的主要缺陷在于以下几个方面。

（1）SLA设备普遍价格高昂，使用成本和维护成本很高。

（2）需要对毒性液体进行精密操作，对工作环境要求苛刻。

（3）受材料所限，可使用的材料多为树脂类，使得打印成品的强度、刚度及耐热性能都非常有限，并且不利于长时间保存。

（4）核心技术被少数公司所垄断，技术和市场潜力未能全部被挖掘。

3.4.4 典型设备

美国3D Systems公司自1988年推出第一台商业设备SLA 250以来，光固化快速成型技术在世界范围内得到了迅速而广泛的应用。特别是在概念设计、单件精密铸造、产品模型以及直接面向产品的模具等诸多方面，被广泛应用于汽车、航空、电子、消费品、娱乐以及医疗等行业。

光固化成型技术接下来的发展趋势将是高速化、节能环保与微型化。随着加工精度的不断提高，SLA技术最可能率先在生物、医药、微电子等领域大有作为。

图3-10是日本的Unirapid公司的Unirapid 3，图3-11则是采用该款SLA打印设备打印的物品。

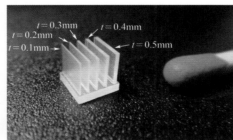
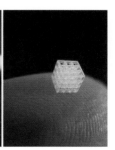

图3-10 采用SLA技术的Unirapid 3　　图3-11 Unirapid 3打印的物品

❶ Form1 被业界称为"准专业"3D打印机，由Formlabs公司推出。

❷ 最新成品设备为B9 Creator，采用了成熟的DLP技术。

3.5 激光熔融式（SLM） >>>>>>>>>

选择性激光熔融技术（Selective Laser Melting，SLM），又被称作激光选区融化技术。其技术原理与选择性激光烧结（SLS）技术非常相似，但又区别于SLS。SLS工艺中粉体未发生完全熔化，成型件中含有未熔化颗粒，可能会导致内部疏松、致密度低、力学性能差等工艺缺陷。为获取全致密的激光成型件，同时也受益于2000年之后激光快速成型设备的长足进步，SLM技术迅速发展起来。

SLM技术所使用的原材料主要为金属粉末状材料，包括钛合金、不锈钢、模具钢、高温合金、铜合金等。通过高功率的激光，可以将金属粉末加热到上千摄氏度，从而融化金属粉末并成型。

3.5.1 技术原理

1995年，德国Fraunhofer激光器研究所（Fraunhofer Institute for Laser Technology，ILT）最早提出了选择性激光熔融技术（Selective Laser Melting，SLM），用它能直接成型出接近完全致密度的金属零件。SLM技术不依靠黏结剂而是直接用激光束完全熔化粉体，成型性能及稳定性得以显著提高，可直接满足实际工程应用。SLM技术的主要发明人之一，是迪特·施瓦泽（Dieter Schwarze）博士。

SLM技术的原理如图3-12所示，其主要加工过程与SLS工艺基本一致，开始打印以后的工艺流程也是先采用铺粉辊平铺一层金属粉末材料，接着激光束按照该层的截面轮廓在粉层上照射，使被照射区粉末熔融并与下面已制作成型的部分实现黏结；当一个层截面被打印完成后，打印平台下降一个层厚的高度，铺粉系统为凹陷的工作台铺上新的粉材；然后控制激光束再次熔融新层，如此循环往复，层层叠加，直到完成整个三维零件的打印成型工作；最后，将未使用的粉末回收到粉末缸中，取出已成型工件。

同时，两者也有一些不同之处。

（1）使用的激光器不同，SLS技术一般使用的是波长较长（9.2 ~ 10.8μm）、功率比较小的CO_2激光器。SLM技术为了更好地熔化金属，需要使用金属有较高吸收率的激光束，所以一般使用的是Nd-YAG激光器（1.064μm）和光纤激光器（1.09μm）等波长较短的高功率激光束。

（2）使用的材料不同，SLS技术所使用的材料一般为熔点较低的PA（尼龙）、TPU（热塑性聚氨酯弹性体橡胶）、PS、蜡粉、树脂砂等。而SLM技术所使用的材料一般是熔点较高（上千摄氏度）的金属粉末，比如钛合金、不锈钢、模具钢、高温合金等。

（3）支撑不同，SLS工艺一般不需要添加支撑结构，而SLM工艺则需要，其主要作用是承接下一层未成型粉末层，防止激光扫描到过厚的金属粉末层，发生塌陷；另外，由于成型过程中粉末受热熔化冷却后，内部存在收缩应力，导致零件发生翘曲等，支撑结构连接已成型部分与未成型部分，可有效抑制这种收缩，能使成型件保持应力平衡。

（4）后处理方式不同，由于SLS工艺没有支撑结构，因此后处理时当整个原型被取出后，可以用刷子小心刷去表面粉末，清理干净后即可得到最终零件。而SLM工艺由于添加了支撑结构，因此打印完成后需要使用线切割将打印工件从平台上切割下来，再使用钳子等工具拆除支撑，随后还需要进行热处理和表面机加工等，从而满足对工件的机械性能和表面精度要求。

除了这些区别之外，两种技术工艺在保护气体、打印室预热、应用领域等方面也有着诸多区别，在此不再一一赘述。

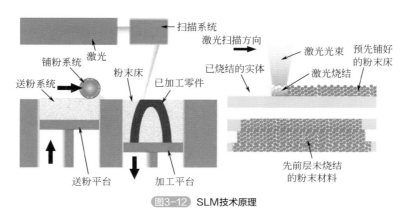

图3-12 SLM技术原理

3.5.2 工艺过程

目前SLM技术制造出的工件性能已经可以和锻造相媲美，优于铸造。但由于其成本高昂，因此，该工艺率先在航空航天、医疗等领域得到应用。如今，随着技术的日渐成熟，材料成本降低等因素的影响，SLM技术在齿科、汽车、随形流道模具等领域也开始应用。

SLM技术的工艺过程与SLS极其相似，其具体工艺过程可概括如下。

（1）整个打印仓在打印期间，仓内温度一般为室温，或预热到不超过200℃（消除工件应力）。另外，打印仓内需要在惰性气体氮气/氩气的保护下。

（2）铺粉辊将材料粉末铺撒在已成型零件的上表面并刮平。

（3）使用高强度的光纤激光器在刚铺的新层上照射出零件的层截面，材料粉末在高强度的激光照射下被烧融在一起，并与下面已成型的部分相黏结。

（4）当一层截面被烧融完成后，通过铺粉系统新铺一层粉末材料，然后进行下一层截面的打印。

选择性激光熔融技术有着明显的优势，但是也同样存在缺陷。首先是粉末烧融带来的表面粗糙、支撑结构、内应力等，需要进行后期处理才能作为最终工件；其次是需使用大功率激光器，使得需要较高的设备成本和维护成本，以及配套的保护部件、控制部件，设备整体技术复杂度高、制造难度大。所以目前SLM设备的应用范围主要集中在高端制造领域。

3.5.3 技术特点

与其他3D打印机技术相比，SLM工艺最突出的优点在于可以打印高熔点的金属材料，打印出的金属工件可以用于工业零部件。其典型的代表案例就是GE为LEAP喷气发动机设计的燃油喷嘴，完全使用SLM金属3D打印技术制造，将20个金属零部件直接合成为1个部件。截至2018年10月份，GE已经完成30000个3D打印燃油喷嘴的制造，将3D打印技术用于航空航天零部件的批量制造。

具体来讲，SLM的优点主要有以下几点。

（1）与其他3D打印工艺相比，能直接成型出接近完全致密度的金属零件，零件强度高、材料属性优异，可以直接作为终端产品使用。

（2）可供使用的原材料种类众多，包括钛合金、不锈钢、铝合金、钴铬合金、镍基合金、模具钢、铜合金等。

（3）与传统制造技术相比，可以进行轻量化的设计和制造，替代传统的零部件，如果轻量化再与特定功能（如冷却、减震、梯度功能等）相结合，那么这是其他技术无法比拟的。

相对其他3D打印技术，其缺点主要包括以下几个方面。

（1）激光器、振镜等关键零部件成本高，材料成本高，使得SLM打印成本相对高昂。

（2）支撑结构、内应力、表面粗糙等问题的存在，使得需要进行相对复杂的后处理才能得到最终工件。

（3）打印过程中需要使用惰性气体进行保护。

（4）打印效率有待提升。

3.5.4 典型设备

虽然SLM技术商业化比较晚，但是由于其工业应用潜力巨大，因此目前全球范围内从事SLM设备研发的公司不在少数，其中比较有代表性的包括德国EOS、德国SLM Solutions、美国GE Additive、中国华曙高科、中国汉邦科技等公司。国内从事SLM技术研究的高校包括西北工业大学、华南理工大学等。

图3-13是一款比较典型的SLM设备，德国SLM Solutions公司的SLM®280 2.0型号设备，可以打印尺寸在280mm×280mm×365mm范围内的金属工件。

从未来发展来看，SLM技术是非常具有

图3-13 SLM Solutions公司的SLM®280 2.0选择性激光熔融3D打印机

潜力的一种技术，随着可打印金属粉末种类的丰富、打印效率的提高、打印成本的下降、打印性能的提升，SLM技术应用前景广阔。目前在航空航天、医疗、齿科、模具、汽车等领域已经被作为先进制造技术所采用，未来在这些行业会进一步普及，并且会在新的领域爆发出应用场景，将从根本上替代部分传统的制造手段。

3.6 其他前沿3D打印技术 >>>>>>>>

经过前几年的行业洗牌后，3D打印越来越注重应用场景，也促使技术不断更新升级。传统的3D打印技术在打印速度、材料性能、生产成本上存在很大局限，多数用来原型打样、模具制作、非核心零部件的替换生产，应用场景并没有打开。

随着消费升级趋势日显，更多行业领域产品升级和重塑的需求促使3D打印技术进一步突破。可喜的是，新的3D打印技术不断出现，不仅在打印速度上得到很大提升，还结合新材料技术，实现了打印件的应用性能，带来了顺应新消费的更人性化的使用体验，使体验更接近完美。相信不久的将来，3D打印技术将具备规模化制造的应用条件，颠覆传统制造业的产品设计思维和供应链模式，形成更具创意思维的新制造。

3.6.1 CLIP技术和LEAP技术

3.6.1.1 CLIP技术

成立于2013年的位于美国加州的一家3D打印初创公司Carbon，在2015年*Science*的一期刊文里介绍了其革命性的3D打印技术——连续液体界面成型（CLIP: Continuous Liquid Interface Production）。CLIP技术利用光固化树脂，氧气作为抑制剂，在液体中成型三维物体，其成型速度比当时市场上任意一种3D打印技术都要快25 ～ 100倍。

CLIP技术源自传统的Bottom-up DLP。该技术的关键是氧气抑制，这通常被认为是传统SLA/DLP的缺点，因为氧气淬灭了由紫外光激发光引发剂形成的自由基，导致固化不完全、表面发黏。而CLIP是通过利用氧气来抑制固化从而达到高速打印的目的：在紫外图像投影平面下方具有透氧窗口，产生"死区"（持久性液体界面），在透氧窗口和聚合部分之间抑制聚合反应。这样，固化部分不会黏附到料盒的底部，因此省去了最为耗时的剥离步骤，打印速度高达50cm/h甚至更快（图3-14、图3-15）。这种打印速度，让传统SLA/DLP望尘莫及。

图3-14 采用CLIP技术打印"埃菲尔铁塔"

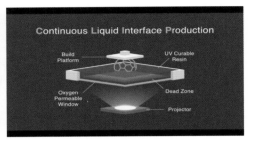

图3-15 CLIP技术原理

图3-16 CLIP技术3D打印机

但也因其核心技术原理，CLIP仍存在一些限制其广泛应用的缺点。首先，氧气抑制的作用仅存在于自由基聚合中，这限制了CLIP打印原材料的通用性。其次，为了实现快速打印，必须精密控制透过膜的氧气量，其影响"死区"厚度，决定了打印稳定性。因而，CLIP技术3D打印机的机械设计相对复杂，会较大幅度增加打印机的造价。CLIP技术旨在发挥其快速打印的优势，进行大规模生产。然而，高成本限制了这一技术的广泛量产应用。因而，建造一个有数百台CLIP 3D打印机的工厂（图3-16），并不便宜。

作为较早提出快速3D打印概念的Carbon公司，目前在量产应用市场正在尝试运动鞋等消费品领域、汽车零部件等工业领域、齿科牙模等医疗领域，取得了一定的开创性成果。

3.6.1.2 LEAP技术

不同于Carbon的CLIP技术原理，一家起源于我国清华大学边上的30m²宿舍里的3D打印公司清锋时代，在2016年自主发明了同样快速的3D打印技术——LEAP（Light Enabled Additive Production）。LEAP的技术核心在于，无需氧气抑制环节，就可以实现最高120cm/h的打印速度，相较传统3D打印提升100倍以上，这在国内史无前例，相比于Carbon速度甚至更快（图3-17）。

LEAP技术也是基于Bottom-up DLP，通过使用ARI（Advanced Release Interface）改性界面，解决了光敏树脂在打印过程的液体粘连问题，从而实现连续快速成型（图3-18）。除了超快的速度，LEAP技术的另一个优点是不需要氧气来抑制自由基聚合，这使得打印机可适用更多种不同的材料，并且打印机的造价成本要低得多。通过这种方式，LEAP技术提供了更为宽广的量产应用可能。

图3-17 LEAP技术3D打印结构体

同时，LEAP技术3D打印机通过软硬件的一体架构，能够实现产品的模拟打印、数据分析以及最终成型制造的智能化生产体系。利用软件的参数化设置对设备进行个性化调试，以验证得到新材料的最佳性能，从而提高符合应用场景需求的材料研发效率。

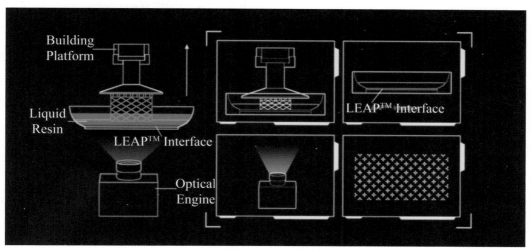

图3-18 LEAP技术原理示意

3.6.2 Desktop Metal技术

位于美国马萨诸塞州的金属3D打印初创公司Desktop Metal，成立于2015年，已经推出两款3D打印金属产品，分别是Studio System和Production System，涵盖了从原型到批量生产的整个产品生命周期。不仅大幅提升金属3D打印速度，还能降低每个零部件的制造成本，并提供更快的生产速度、更高的安全性能和更好的产品质量（图3-19）。

Studio System是一款适用于办公环境的快速成型金属3D打印系统（图3-20），包括打印机、脱模机和烧结炉，可在办公环境或工厂车间生产复杂且高品质的金属3D打印部件。该系统采用一个专有的工艺，名为结合金属沉积（BMD：Bound Metal Deposition），DM公司将其比作金属的FDM（熔融沉积式）。让人印象深刻的是，Studio System比现有的金属激光技术便宜10倍，速度则提升了100倍。此外，可以使用超过200多种合金，并能够同金属粉末一起用于金属注射成型，打印出来的金属零件可以媲美传统意义上的注塑成型工艺。

Production System则是一款可实现高分辨率金属零部件批量生产的3D打印系统（图3-21），可以大规模生产金属3D打印零部件。该系统采用一项专有的单通道喷射（SPJ）技术，制造金属零件的速度比现有的基于激光的金属3D打印系统快100

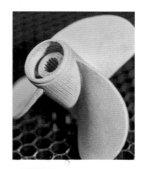

图3-19 采用Desktop Metal技术的金属打印件

倍，显著降低每个零件的制造成本，使其成为替代铸造等更广泛使用的金属制造技术的新制造技术。

图3-20 Desktop Metal桌面金属机集群Studio System+

图3-21 Desktop Metal量产金属3D打印系统 Production System

3.6.3　惠普的MJF技术

2014年2D打印巨头惠普公司发布了一项创新3D打印技术——Multi Jet Fusion（MJF），被称为多射流熔融3D打印技术，2016年惠普正式推出基于该技术的3D打印机（图3-22）。这是基于他们现有的高分辨率2D热喷墨技术开发的一种3D打印技术，这种优化的打印方式不仅令MJF具备了10倍于选择性激光烧结（SLS）技术和熔融沉积成型（FDM）技术的超高速度，而且不会牺牲打印精度。

惠普所用的多射流熔融(Multi Jet Fusion) 3D打印技术，其成型步骤如图3-23所示。

图3-22 惠普MJF技术3D打印机

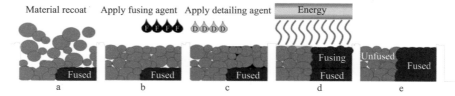

图3-23 MJF技术成型步骤

a—铺设成型粉末（铺粉厚度70～100μm）；b—喷射助熔剂 (fusing agent)；c—喷射精细剂 (detailing agent)；
d—在成型区域施加能量使粉末熔融（注意：喷射精细剂的区域并没有被熔融）；
e—重复步骤 a～d 直到所有的层片成型结束

图3-24 惠普全彩色MJF技术打印的彩色手机壳

惠普MJF技术的推出，在一定程度上将3D打印技术又向前推进了一大步，就目前来看，该技术具有很多优势。

（1）打印效率大幅提升，比常规的3D打印技术快10倍。

（2）材料几乎可以达到100%重复利用，材料利用率高，成本低。

（3）支持各行业新应用的开放式材料与软件创新平台。

（4）打印件性能高，可以用于最终零部件。

除此之外，MJF技术还有很强的拓展性，惠普还推出了基于该技术的全彩色3D打印机（图3-24）和金属3D打印机。

其中彩色打印设备标配了4种颜色剂，包括黑色、青色、品红色、黄色，可以混合出1600万色。以及3种热剂，包括助熔剂、细化剂、明亮助熔剂，未来可以配置多达8种打印剂，从而实现导电、光激荧光、半透明、弹性等效果。而金属打印设备被称为Metal Jet，是一种"voxel-level binder jetting technology"（体素级黏合剂喷射技术），其效率比目前的金属3D打印系统高出50倍。惠普 Metal Jet 将首先应用于生产不锈钢零部件，可以打印出各项性能均满足或高于ASTM和MPIF标准的成品。

3.6.4 电子束熔化（EBM）

1994年瑞典ARCAM公司申请的一份专利，所开发的技术称为电子束熔化成型技术EBM（Electron Beam Melting），ARCAM公司也是世界上第一家将电子束快速制造商业化的公司，并于2003年推出第一代设备，此后美国麻省理工学院、美国航空航天局、北京航空制造工程研究所和我国清华大学均开发出了各自的基于电子束的快速制造系统（图3-25）。

EBM技术利用电子束熔化铺在工作台面上的金属粉末，与激光选区熔化技术类似，利用电子束实时偏转实现熔化成型。电子束由位于真空腔顶部的电子束枪生成。电子枪是固定的，而电子束则可以受控转向，到达整个加工区域。电子从一个丝极发射出来，当该丝极加热到一定温度时，就会放射电子。电子在一个电场中被加速到光速的一半。然后由两个磁场对电子束进行控制。第一个磁场扮演电磁透镜的角色，负责将电子束聚焦到期望的直径。然后，第二个磁场将已聚焦的电子束转向到工作台上所需的工作点（图3-26）。

图3-25 ARCAM公司EBM技术3D打印机

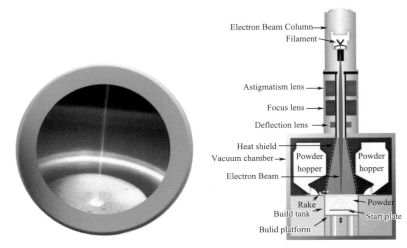

图3-26 EBM技术原理图

电子束融化成型技术采用高能电子束作为加工热源，扫描成型可通过操纵磁偏转线圈进行，没有机械惯性，且电子束具有的真空环境还可避免金属粉末在液相烧结或熔化过程中被氧化。与激光选区熔化SLM相比，EBM还具有以下优势。

（1）成型过程效率高，零件变形小，成型过程不需要支撑，微观组织更致密。

（2）真空环境排除了产生杂质（如氧化物和氮化物）的可能。

（3）能打印高熔点的难熔金属，并且可以将不同的金属融合。

（4）由于电子束的转向不需要移动部件，所以既可提高扫描速度，又使所需的维护很少。

当然，EBM技术也有以下劣势。

（1）EBM技术成型室中必须为高真空，才能保证设备正常工作，这使得EBM技术整机复杂度提高。

（2）EBM技术需要将系统预热到800℃以上，使得粉末在成型室内预先烧结固化在一起，高预热温度对系统的整体结构提出非常高的要求。

（3）电子束技术打印出的工件精度较差，因此，对于精密或有细微结构的功能件，电子束选区熔化成型技术是难以直接制造出来的。

EBM技术可成型的材料广泛，如工具钢、钛合金、镍合金，甚至耐火的钼合金等导电金属材料等，电子束还可用于对光能具有较高反射作用的金属沉积成型：如在室温下，Ti-6AI-4V材料对激光反射较为严重，采用激光烧结工艺，能量利用率很低，而此材料对电子束的反射率只有10%左右，具有较高的能量利用率。EBM技术主要应用于航空航天制造、汽车制造、医疗器械制造等领域（图3-27）。

3.6.5 SLM+CNC

目前我们在国内最常见的制造设备，一般是独立的CNC机床（减材制造），或者独立的金属3D打印机（增材制造）设备。既然采用SLM（选择性激光熔融）技术3D打印出的金属工件经常需要进行CNC机加工处理，那么为什么不将SLM和CNC直接复合在一台设备中呢？

增材和减材制造技术的组合研究已经有20多年历史，但直到近些年才在民用领域有一些应用经验。第一台商用混合机床是20世纪90年代末期日本的一所大学研究出来的，是将激光粉末熔融与CNC加工相结合的机床。2002年，日本松浦机械制作所研发出金属增减材复合加工设备（图3-28）。随后，德国德玛吉（DMG）、日本沙迪克（Sodick）、中国亚美精密等单位陆续推出增减材复合设备。

因为在同一台机床上可实现"加减法"的加工，对于传统切削加工无法实现的特殊几何构型或特殊材料的零件，零件成型阶段由增材制造承担，后期的精加工与表面处理，则由传统的减材加工承担。由于在同一台机床上完成所有加工工序，不仅避免了原本在多平台加工时工件的夹持与取放所带来的误差积累，提高制造精度与生产效率，同时也节省了车间空间，降低了制造成本。

图3-27 采用EBM技术3D打印的人体髋臼杯

图3-28 日本松浦机械制作所的金属增减材复合加工设备

其工艺流程简化来讲包括以下三个步骤。

（1）金属粉末均匀平铺。

（2）以激光照射方式使金属粉末熔融凝固。

（3）之后再利用旋转刀具进行高速铣削高精度精加工。

（4）重复以上步骤直至零件加工完成（图3-29）。

随着增材制造的发展以及其局限性的突出，国际上越来越多的学者和研究机构把目光转向基于增减材的复合加工制造。相比于国内，国际上对基于增减材制造的复合加工技术的研究开展得比较早，研究的内容也比较多。但总的来说，该项技术仍然处于研究与探索阶段。

a   b   c

图3-29 沙迪克SLM+CNC复合机原理图

a—铺粉；b—SLM 激光熔融；c—CNC 机加工

3.6.6 轮廓工艺

其工作流程与我们常见的FDM（熔融沉积）技术非常相近，"轮廓工艺"的3D打印机看起来就像一台巨型的FDM 3D打印机。不同之处在于所使用的材料不是PLA等塑料线材，而是混凝土，混凝土不需要加热，直接通过巨大的喷头将混凝土按照电脑上的数据模型喷在相应的位置，混凝土在空气中逐渐凝固定型，层层堆叠直至打印出一幢房子。

"轮廓工艺"的发明人南加州大学教授比赫洛克·霍什内维斯（Behrokh Khoshnevis）这样形容该技术："轮廓工艺"其实就是一个超级打印机器人，其外形像一台悬停于建筑物之上的桥式起重机，两边是轨道，而中间的横梁则是"打印头"，横梁可以上下前后移动，进行X轴和Y轴的打印工作，然后一层层地将房子打印出来（图3-30）。

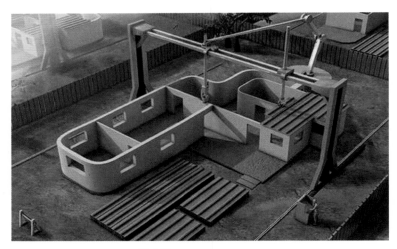

图3-30 "轮廓工艺"概念图

与传统的建筑工艺相比，"轮廓工艺"有很多优点。

（1）工作速度非常快，24h之内能打印出一栋两层楼高、2500平方英尺（约合232m²）的房子。

（2）"轮廓工艺"可以做到全程由电脑程序操控，将节省45%～55%的人工，减少能源消耗，降低排放。

（3）可以打印出弧形或波浪形等独特外观，而且节省材料。

（4）利用该技术未来或许可以就地取材，在月球上建造栖息地。

3.6.7 生物3D打印技术

器官移植可以拯救器官被损坏的患者生命，然而事实上绝大部分患者找不到匹配的器官捐献者，即便成功获得了移植，也会存在排异反应等难以避免的弊端。不过，随着生物

3D打印技术的问世，这些问题的解决有了新希望。

　　生物3D打印技术是一项前沿的新技术，其融合了3D打印和生物组织工程等技术。3D生物打印这一技术概念最早是由美国Clemson University、University of Missouri、Drexel University等大学的教授在2000年左右提出的，2003年Mironv V和Boland T在Trends in Biotechnology杂志系统提出"器官3D打印"这一概念。2002年左右，清华大学颜永年教授团队率先在国内开展3D生物打印技术研究。

　　生物3D打印技术的成型工艺也是采用我们本章前面介绍的熔融挤压打印、光固化立体打印等技术。只不过生物3D打印所使用的原料是生物墨水，而非传统的塑料材料。研究者会从人体骨髓或脂肪中提取干细胞，再以生物化学手段将其"改造"（分化）为不同类型的其他细胞后，封存为"墨粉"。通过3D打印生物材料或细胞单元，可以用来制造医疗器械、组织工程支架和组织器官等制品（图3-31）。

　　清华大学生物制造中心将生物3D打印技术分为以下5个应用层次。

　　（1）无需考虑生物相容性的非体内植入物，用于3D打印成型个性化医疗器械和生理/病理模型，主要应用于术前规划、假肢定制等领域。

　　（2）具有良好生物相容性材料的永久植入物的制造，包括人造骨骼、非降解骨钉、人工外耳、牙齿等（图3-32）。

　　（3）具有良好生物相容性和可降解性生物材料的组织工程支架的制造。组织工程支架不仅需要具有良好的生物相容性，能够支持甚至促进种子细胞的增殖分化和功能表达，同时支架材料需要适当的降解速率，在新组织结构的生成后，支架降解为可被体内完全吸收或排除的物质，应用领域包括可降解的血管支架等。

　　（4）细胞3D打印技术，用于构建体外生物结构体。将细胞、蛋白及其他具有生物活性的材料作为3D打印的基本单元，以离散堆积的方式，直接进行细胞打印来构建体外生物结构体、组织或器官模型。

　　（5）体外生命系统工程。通过对干细胞、微组织、微器官的研究，建立体外生命系统、微生理组织等。体外生命系统工程的研究不仅使生物制造学科拓展到复杂体外生命系统和生命机械的构建及制造，也是细胞3D打印、微纳及微流控芯片技术、干细胞技术和材料工程技术等诸大学科的进一步大交叉。

图3-31　Organovo 生物3D打印机

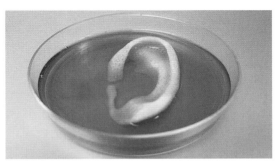

图3-32　生物3D打印技术制造的耳朵

按照3D打印的基本原理，我们只需要使用相应的材质，就可以打印出与设计几乎一样、实实在在的产品。所以可以在一定程度上说，耗材才是3D打印一切的关键。比如说制作面包，如果使用面粉作原材料，那么打印出来的面包便是可以吃的；而如果使用塑料或石膏等，就只能打印出面包的模型。通过第3章的讲述，我们会发现3D打印技术本身并不是十分复杂，但要和合适的耗材相结合却是一个难点。普通打印机的耗材比较单一，基本上就是墨水和纸张。但3D打印机耗材的种类却五花八门，常见如塑料、胶水、树脂、金属、高分子材料等，而且还必须经过特殊处理。根据打印设备的不同，原材料的外形还不同，有线材、粉材、片材等，并且还存在对一些材料的物理化学特性的不同需求，例如光照时固化反应速度、材料黏度等。

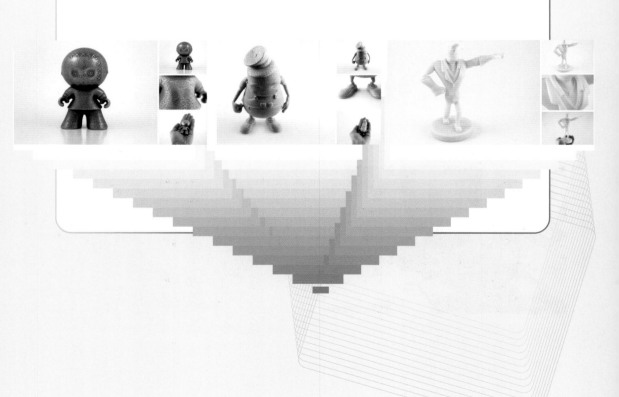

第 4 章

常用打印材料及应用

据统计，目前已经研究出并可以在3D打印机上正常使用的材料，大类约有14种，而在此基础上通过组合、演化出107种。这些材料形态上多为线材、粉末或者黏稠的液体，从价格上来看，便宜的几十元每千克，贵的则数万元不等。

虽然在大部分人看来，3D打印技术是一项最近才出现的全新技术，但实际上3D打印技术已经有几十年的历史。自20世纪80年代走向商业化以来，已经在机械加工、汽车制造等行业得到了非常广泛的应用，而在建筑、医疗、文化创意及文物修复等行业也开始逐渐推广。

目前将3D打印材料进行固化成型的方式主要有加热、降温、紫外照射和激光烧结4种。如果从各项技术的成本来比较，熔融挤压式（FDM）无疑是整体成本最低的，因而普及度也最高。如果从材料的角度来看，目前最常用的主要是熔丝线材，材质上主要是以ABS、人造橡胶、铸蜡和聚酯热塑性塑料等为主。除了熔融挤压技术最为经济以外，激光烧结式（SLS）技术是目前3D打印技术中精度最高的，许多医学模型、航空模型就采用该技术进行打印。但从当前的各种实际应用来看，可供3D打印的耗材还并不是很丰富，虽然骨粉、水凝胶、细胞等生物墨水作为耗材的3D打印技术也已被研发并成功试验，然而距离大规模的生产应用也还有比较长的路要走。

本章我们将从材料的角度出发，根据它们的不同分为金属材料、生物材料以及非金属和非生物材料。然后根据其材料特性、应用现状以及发展前景，分别对其进行分析和介绍，以便读者能迅速地对3D打印耗材情况有一个概况性的了解。

4.1　金属材料　>>>>>>>>>

根据《企业观察报》对3D打印技术的专刊分析，认为在所有3D打印材料中以金属粉末应用市场最为广阔。因此，直接用金属粉末烧结成型三维零件是快速成型制造最终目标之一。由于各种金属材料的化学成分、物理性质不同，因此成型的机理也各具特点，对金属粉末的性能要求也更为严苛。

4.1.1　钛合金

钛是自20世纪50年代以来人类所发现的最为重要的结构金属之一（图4-1），钛合金以其超高的强度、良好的耐蚀性以及耐高温等特点而被广泛用于各个领域。目前，基本上世界所有具备实力的国家都将钛合金材料作为非常重要的研究方向，对其投入大量研发力量和资金，使得这项出现不久的新材料迅速得到了巨大的发展和应用。

早在20世纪五六十年代，钛合金主要包括用于发展航空发动机用的高温钛合金和机体用的结构钛合金。后来在研究人员的不懈努力下，在20世纪70年代开发出了耐腐蚀钛合金。之后由于政府研究机构和商业企业的大力推动，耐蚀、耐高温、耐高强等各类钛合金都得到了进一步发展，特别是A2（Ti3Al）和γ（TiAl）基合金的出现，使得钛合金在高端发动机的使用部位由发动机的冷端（风扇和压气机）向发动机的热端（涡轮）方向推进。

也正是由于钛合金的高硬度，导致通过传统工艺进行切削加工特别困难，但这也只是难于切削加工的原因之一，关键还在于钛合金本身的化学、物理、力学性能之间的综合影响，使得目前的钛合金加工处理工艺非常复杂。目前，结构钛合金正向高可塑、高韧性、高模量和高损伤容限方向发展。

由于材料特性，钛合金具有强度高而密度又小、机械性能好、韧性和抗蚀性能很好等优点。但也导致了钛合金的工艺性能差、切削加工困难等不足，特别是在热加工中，非常容易吸收氢、氧、氮、碳等杂质，这使得以钛合金作为原材料的3D打印设备必须具备非常严苛的环境条件。另外，钛合金的抗磨性还普遍较差，且原材料的生产工艺非常复杂。1948年，钛金属才开始工业化生产。由于航空航天等高端工业的发展需要，使得钛的工业产量以平均每年约8%的增长速度发展。目前，全球范围内钛合金年产量已达4万余吨，钛合金种类30余种，其中使用最广泛的钛合金是Ti-6Al-4V（TC4）、Ti-5Al-2.5Sn（TA7）和工业纯钛（TA1、TA2和TA3）。

（1）材料特性

质量：轻

强度：高

细节：好

抗腐蚀性：高

机械性能：高

（2）适用设备

EOS公司M系列、3D Systems公司sPro系列金属粉末烧结成型设备。

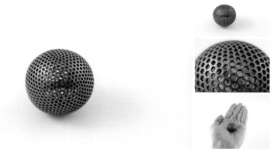

图4-1 钛——轻且世界上强度最高的3D打印材料

（3）主要用途

航空航天、医疗生物、高端制造等。

4.1.2 钢铁

钢铁粉末主要是指直径尺寸小于0.5mm的铁颗粒集合体，颜色呈黑色，粉末冶金的主要原材料。按粉末粒度来分，一般分为粗粉、中等粉、细粉、微细粉和超细粉五个等级。其中，粒度为150～500μm范围内的颗粒组成的铁粉称为粗粉，粒度在44～150μm的为中等粉，10～44μm的为细粉，0.5～10μm的为极细粉，小于0.5μm的为超细粉。从目前工艺水平来说，一般能通过325目标准筛出亚筛粉（即粒度小于44μm的粉末），但要想进行更高精度的筛分则只能用气流分级设备，但对于一些易氧化的铁粉则只能用JZDF氮气保护分级机来实现，这些也导致了不同等级的铁粉价格上的巨大差距。

从材料特性上来看，完全纯的金属铁是银白色的。而铁粉之所以呈黑色是由于光被吸收所导致，因为铁粉的表面积非常小，没有固定的几何形状，而铁块的晶体结构呈几何形状。所以铁块只吸收一部分可见光，然后将另一部分可见光镜面反射了出来，从而显出其本来的银白色；但铁粉被光照后，没吸收完的光被漫反射，能够进入人眼的可见光很少，所以看上去呈现黑色（图4-2）。

铁粉作为当前粉末冶金工业中最为重要的金属粉末之一，在工业冶金生产中用量巨大，耗用量约占所有金属粉末总消耗量的85%。主要用于制造各种机械零件和工业器具，这些应用约占铁粉总产量的80%。

（1）材料特性

强度：高

细节：一般

表面光滑度：较高

抗腐蚀性：高

柔韧性：低

（2）适用设备

EOS 公司 M 系列、3D Systems 公司 sPro 系列金属粉末烧结成型设备。

图4-2　铁粉打印的人偶

（3）主要用途

工业制造、模型设计、建筑等。

4.1.3　铝合金

铝合金得需经过制粉、压实、脱气、烧结热压等处理工艺流程，最后再通过塑性变形加工等方法制成。铝合金的历史可以追溯到20世纪40年代，由瑞士人伊尔曼（R. Irmann）等采用球磨机在控制氧含量的保护介质中研磨铝粉，使其表面生成很薄的氧化膜，然后将铝粉压实、烧结和热加工成烧结铝（SAP），这便是最初的粉末冶金铝材。后来到了20世纪70年代，逐渐发展出了两种制取铝合金粉末的方法：一种叫快速凝固法，即把预合金化的熔体雾化后快速冷却制成铝合金粉末；另一种是机械合金法，通过高能球磨机把用来合金化的金属颗粒粉碎、混合，从而制成铝合金粉末。到20世纪80年代末，美国、苏联和日本等国家研制成功了十多种不同型号的粉末冶金结构铝合金和粉末冶金耐磨铝合金，并已实现了批量化的生产，逐步在航空航天工业与汽车工业上开始推广和应用。

由于一些不能用传统冶金工艺制取的铝合金却能通过粉末冶金工艺获得，并且几乎每个PM铝合金的物理性能、化学性能和力学性能都比相似成分IM铝合金的高，因此粉末冶金方法已逐渐成为发展新型铝合金材料的重要途径之一，一些工业发达国家都投入了大量科研力量和资金用于发展粉末冶金铝合金。当前存在的主要问题是，因为粉末冶金工艺包括制粉、脱气和压实工序，工艺比较复杂，因此生产成本比较高，阻碍它的大规模生产和广泛应用。铝合金粉末在3D打印领域的使用和钛粉末、铁粉末非常相似，主要被用于激光烧结式（SLS）设备（图4-3）。

（1）材料特性

强度：高

细节：好

表面光滑度：中

抗腐蚀性：高

柔韧性：低

（2）适用设备

EOS公司M系列、3D Systems公司sPro系列金属粉末烧结成型设备。

图4-3 铝——外观独特类似尼龙的材料

（3）主要用途

工业制造、模型设计、建筑等。

4.1.4　金银

随着生活水平的提高和社会的进步，人们对个性化饰品的要求越来越高。传统加工方法普遍使用的是"减材制作"，整个加工过程会产生大量原材料的浪费，当加工材料为贵重金属（如金银）时，该浪费产生的成本将是巨大的。同时，贵金属的加工往往对工艺的复杂性也会有非常高的要求，这又进一步加大了传统加工方法的成本。

深圳某珠宝首饰制作公司通过与陕西恒通智能机器有限公司合作，使用恒通智能公司开发的高精度增材制造设备来替代传统的手工制作。在设计过程中，首饰的外形复杂度不再受到限制，完全根据消费者的需求进行定制化生产，而且与传统手工工艺相对，细微结构的制作更加精良，更具有艺术美感。同时大大缩短了首饰的加工生产周期，提高了产品的更新换代速度。

而国际上在该领域也已出现了比较成熟的解决案例，Suuz是一家位于荷兰的3D打印公司，通过借助最新的3D打印技术和交互式设计模式，首次实现了基于电子平台的贵金属首饰个性化定制服务，人们所需要的首饰设计及定制工作全部都可以在Suuz的官方网站上实现。

下面以一枚戒指（定制页面见图4-4）为例展示该网站的定制流程。

① 通过下拉列表选择喜欢的首饰风格。

② 选择需要的颜色和材料。目前可选择的材料包括金、银和多种颜色的尼龙，选择的材料不同，价格自然也不相同。

③ 在图4-4右侧的文本框中输入你喜欢的文字内容，并单击文本框下方的按钮完成设计。系统会根据输入的文字自动完成戒指的三维模型，并弹出"Add to shoppingcart"（放入购物车）菜单。

④ 确定所定制饰品的尺寸规格和数量，最后提交订单完成付款。

完成这些步骤之后就可以在家坐等自己设计定制的首饰快递上门了。

（1）材料特性

强度：高

细节：好

表面光滑度：高

抗腐蚀性：高

机械性能：中

（2）适用设备

EOS公司M系列、3D Systems公司sPro系列金属粉末烧结成型设备。

（3）主要用途

珠宝首饰、工艺美术、高端制造等。

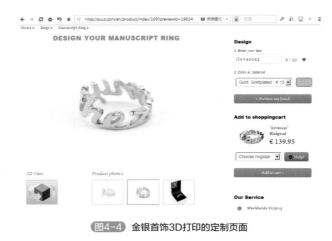

图4-4　金银首饰3D打印的定制页面

4.1.5　高温合金

除了上述3D打印常用的金属材料之外，还有一些正在研究的特殊金属材料，比如钽金属、钨合金、铜合金、高温合金等。

4.1.5.1　钽金属

我国每年医疗人体骨骼植入不少于300万例，早先应用的材料是不锈钢、镍铬合金、镍钛合金，近些年主要使用的是TC4钛合金，这些材料含镍、铬或铝、钒等有害元素，而且由于其弹性模量超出人体骨骼太多、材料与人体亲和力低，容易发生"骨不粘"现象，医疗界需要新型的无毒无害的、生物相容性好的新材料来改善目前的局面。2017年11月，我国完成了全球首例个性化3D打印钽金属垫块植入的全膝关节翻修手术（图4-5）。

钽的化学符号是Ta，钢灰色金属，它的熔点高达2995℃，因此3D打印钽金属是比较难的技术。钽富有延展性，其热膨胀系数很小，韧性很强，具有极高的抗腐蚀性。钽的切削非常困难，不能用普通的切削方法，由于很容易与氢、氧、碳发生反应，特别要求切削产生热量少。因此，如何减少钽的加工量成为很重要的一环。电子束金属打印不仅可以减少金属加工量，而且还可以节省昂贵的钽材料。

（1）材料特性

强度：高

细节：中

表面光滑度：中

抗腐蚀性：高

机械性能：高

生物相容性：好

（2）适用设备

西安赛隆金属公司的SEBM系统、西安智熔公司电子束熔丝设备。

（3）主要用途

医疗、工业制造等。

图4-5 3D打印钽金属植入物

4.1.5.2 钨合金

钨（W）作为最高熔点（3400℃）的难熔金属，具有许多独特的物理和化学性质，包括高密度、高导热率、高再结晶温度、低热膨胀以及室温和高温下的高强度和高硬度，因此钨已广泛应用于航空航天、核工业、军工等。通常，很难通过传统制造方法来制备形状比较复杂的零部件，选择性激光熔融式（SLM）在制备复杂形状的零件方面生产灵活，在工业应用上具有极大的潜力。

图4-6中的零件是一个光栅，采用3D打印的钨材料制成，尺寸为87mm×20mm×20mm，重量296g，打印时间为3h。该零件整体采用薄壁结构，最小壁厚仅0.1mm。

钨材料的硬度高，脆性大，导电性差，机加工困难，采用传统的减材制造工艺难以形成复杂的零件。且钨材料的熔点在金属中最高，熔点高达3400℃，是典型的难熔金属，成型更加困难。

（1）材料特性

硬度：高

脆性：大

导电性：差

机加工：困难

（2）适用设备

铂力特BLT-S300T。

图4-6 铂力特3D打印钨合金零件

（3）主要用途

航天、铸造、武器。

4.1.5.3 铜合金

铜合金具有良好的导热性和导电性，可以结合设计自由度，产生复杂的内部结构和冷却通道，适合冷却更有效的工具模具。3D打印铜合金零件具有良好的机械性能、优秀的细节表现及表面质量，以及易于打磨等优点，广泛应用于首饰和文化教育领域，也可用于微型换热器，具有薄壁、形状复杂的特征零件（图4-7）。

但铜合金的激光3D打印却不是一件容易的事情，铜金属在激光熔化的过程中，吸收率低，激光难以持续熔化铜金属粉末，从而导致成型效率低，冶金质量难以控制等问题。此外，铜的高延展性给去除多余粉末这样的后处理工作增加了难度。

（1）材料特性

延展性：好

导电性：好

导热性：好

（2）适用设备

TruPrint 1000、BLT-S300。

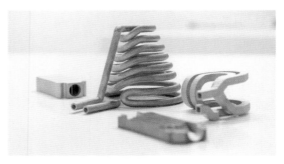

图4-7 TRUMPF公司3D打印的铜合金零件

 4.2 生物材料

目前，生物材料3D打印技术已经在再生医学、组织工程、药物开发和医疗辅具等生物医学领域展现出非常广阔的前景，主要使用的材料包括活细胞、生物医用高分子材料、无机材料和水凝胶材料等。

4.2.1 活细胞

在所有3D打印原材料中，最让人感到神奇的非"生物墨水"莫属，因为使用这些作为原材料的设备甚至能直接打印出需要的人体细胞和器官。那时，外科医生在进行器官移植的时候将不再需要花费漫长的时间等待合适的器官，只需要轻松按下按钮，3D生物打印机就可以"制造"出需要的器官。

澳大利亚Invetech公司和美国Organovo公司便合作研制出了全球首台商业化3D生物打印机，目前这台3D打印机已能实现静脉的打印制造，虽然离制造心脏等大型脏器还有很长的路要走，但这已经足够让整个医疗行业兴奋不已。生物打印机主要使用一些特殊的材料，其中包括人体细胞制作的生物墨水，以及同样特别的生物纸。当开始打印时，打印机的打印喷头按计算机上位软件计算好的打印轨迹将生物墨水用特定方式喷洒到生物纸上，通过层层累计形成最终需要的器官。

目前，来自美国麻省总医院（MGH）的研究人员已经使用来自牛羊的组织细胞和一台3D打印机制造出了一只活生生的人耳。打印的人工耳朵包括两个"天然的弹性弯曲"，跟真正的耳朵一样。根据项目负责人介绍，人工耳在生长12周后，还能够保持良好的耳朵形状，同时支撑部件也仍然具备软骨的自然弹性。

除了材料活性外，人造耳朵的外形与细节特征也与真正的人耳一模一样。具体的制作过程，其实同其他3D打印设备的工作流程几乎是一样的，研究人员首先通过扫描获取人耳的三维数字模型，然后使用CAD软件生成耳形支架模型。3D模型使用光固化3D打印技术制造，使用的打印材料是聚二甲基硅氧烷（PDMS，一种特殊的有机硅化合物），然后沿外轮廓分割，形成两件型腔模具，从而制造出模具。

　　由于小白鼠等动物具备很好的耐受性，所以可以等人工耳生长完成后，将其移植到实验鼠的体内以保持其活性。目前该技术还处于临床试验阶段，待技术完善后将有望实现人造耳朵（或类似的人造器官）用于人体器官移植手术，以替换患者损坏的器官。并且人造耳朵的各项尺寸也都可以随意地设计和修改，使其大小与人耳一致，保证植入后的外形美观。根据这项研究的负责人托马斯·塞万提斯（Thomas Cervantes）博士预计，大概需要5年左右该项技术才可以用于实际应用中。

　　图4-8是一款国产的生物3D打印机，由杭州电子科技大学等高校的研究人员自主研发，该3D打印机主要使用生物医用高分子材料、无机材料、水凝胶材料或活细胞等，目前已成功打印出较小尺寸的人体耳朵软骨和肝脏单元等组织。

　　（1）材料特性

　　生物功能性：高

　　生物相容性：高

　　化学稳定性：高

　　可加工性：中

　　（2）适用设备

　　美国Organovo公司、杭州电子科大的Regenovo等。

　　（3）主要用途

　　生物、科研、医疗等。

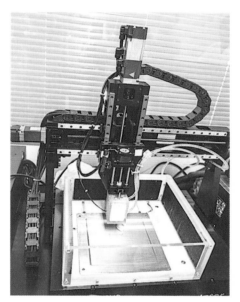

图4-8　国产生物3D打印机

4.2.2　医用高分子

　　对医疗界而言，3D打印技术就像是一个前所未有的万能造物机一般，预示着一场医学革命或将来临。从仿真医疗模型、生物医疗器械，到更具个性化的移植组织或气管、更具潜力的生物高分子材料，都将同3D打印相结合产生出无穷的魅力。不过，以3D打印为代表的生物打印技术，就像20世纪末的克隆技术一样，面对的将不仅是科学技术上的各种困难，还将包括生物伦理上的挑战，这也将比眼下的干细胞所引发的争议更为复杂。

　　目前，3D打印技术在医学领域的最直接应用，便是各式各样的器官或组织3D模型的打印制作——从仿真医疗模型、生物医疗器械，到更具个性化的移植组织或器官，都将是3D生物打印技术在可预见的将来会一个一个实现的目标成果。

　　3D打印的器官模型，已经出现在许多医院里，例如复杂的心脏模型（图4-9）。这台人体"发动机"是一个非常复杂的器官，为帮助外科医生更好地了解疑难并发症患者的心脏解剖结构，美国国家儿童医学中心的儿科心脏病学家劳拉·奥利弗里近日便打印出一个

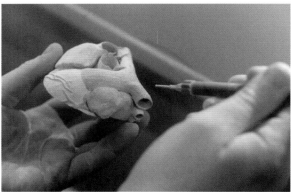

图4-9 生物高分子3D打印机效果图及打印出的心脏模型

心脏模型。通过使用CT扫描患者心脏图像，利用一部价格约25万美元的3D打印机，她制造了一个完全复制患者疾病心脏的三维模型。

在医药领域中应用的高分子化合物一般按其用途大致可以分为以下几类。

① 用于制作人工器官和人工组织的高分子生物材料。

② 作为载体、助剂或药理活性物质，来提高药物制剂的安全性、长效性及专一性的药用高分子。

③ 具有一定药理活性的高分子药物。

④ 医疗过程中各种外用的器具和用品。

（1）材料特性

生物功能性：低

生物相容性：中

化学稳定性：高

可加工性：高

（2）适用设备

美国Organovo公司、杭州电子科技大学的Regenovo等。

（3）主要用途

生物、医疗、教育等。

4.2.3　水凝胶

水凝胶（Hydrogel）主要成分是以水为分散介质的凝胶，一般为具有网状交联结构的水溶性高分子中引入一部分疏水基团和亲水残基，亲水残基与水分子结合，从而将水分子连接在网状内部，疏水残基遇水膨胀的交联聚合物。简单来说，水凝胶是一种高分子网格体系，材质柔软并能保持一定的形状，能吸收大量的水。

美国约翰·霍普金斯大学（Johns Hopkins University）医学院报告为我们展示了当前最新型的水凝胶生物材料，可用于软骨修复手术中，通过将其注入骨骼小洞之中来帮助刺激病人骨髓产生干细胞，从而长出新的软骨。根据临床试验中的数据显示，新生软骨覆盖率可以达到86%，术后疼痛也大大减轻。相关的论文发表在2013年1月9日出版的《科学转化医学》（*Science Translational Medicine*）上，有兴趣的读者可以详细查阅了解。

根据基本的医学知识我们可以知道，关节作为人体的承载组织和运动器官，其自身修复的能力（即再生能力）是极差的。一旦软骨组织受到损伤，就会出现如关节炎等疾病。当运动时，软骨损伤患者便会有强烈的疼痛感，甚至失去行走、蹲跪等运动能力。但借助最新的光固化3D打印技术（SLA），科学家们已可以制造出大块水凝胶关节软骨支架及软骨/骨复合支架（图4-10）。根据临床试验发现，将软骨/骨复合支架植入有软骨大面积缺损的犬膝关节6个月后，发现关节支架上新生软骨与之结合紧密，形成类似于自然骨软骨的连接结构，新生软骨的弹性模量与透明软骨的弹性模量相匹配，初步实现了骨/软骨的功能化。

除了可以将水凝胶直接用来制作软骨支架外，还可用于进行细胞的培植支架。科学家最新研制的水凝胶3D细胞培养技术便是在传统2D细胞培养的基础上以水凝胶或者固体支架的形式增加一个维度，使细胞像在体内一样生长在三维空间里。

相对于传统的2D细胞培养，3D细胞培养技术的优势非常明显。

① 更接近细胞在体内的状态。

② 能够提高细胞因子、抗体及其他生物分子等的产量。

③ 能够改进细胞培养效率，细胞在3D环境中比在2D环境中生长更健康。

④ 在3D细胞培养系统中，干细胞能够有序分化。

⑤ 实验数据更可靠，如基因表达谱、细胞活动等与体内研究的数据更吻合。

⑥ 能够降低新药研发的成本和周期。

⑦ 可以替代一部分动物实验，而且在3D细胞培养系统中，可以使用人类细胞作为研究对象，而不像动物实验那样，研究对象只能是动物细胞。

这些优势都预示着3D打印技术在医疗器械、生物制造等传统行业的广阔应用前景。

（1）材料特性

生物功能性：中

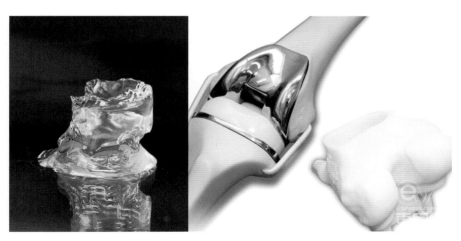

图4-10 水凝胶软骨支架和关节骨架

生物相容性：中

化学稳定性：高

可加工性：高

（2）适用设备

美国Organovo公司、杭州电子科技大学的Regenovo等。

（3）主要用途

生物、科研、医疗、教育等。

4.2.4 PEEK（聚醚醚酮）

PEEK是一种性能优异的工程塑料，具有耐高温性、自润滑性、化学稳定性、耐辐射和电气性能，以及具有优异的机械性能，可用于机械制造和航空制造中。在生物医学领域，聚醚醚酮具有优良生物相容性，和金属材料的植入体相比，其弹性模量和人骨弹性模量更接近，大大降低了由于金属材料和人体骨骼弹性模量差距过大而造成的应力遮挡、骨吸收、骨发炎、二次手术等问题，聚醚醚酮植入物的力学性能能够满足人体正常的生理需要，因此PEEK是一种良好的骨科植入物材料（图4-11）。2017年4月，第四军医大学唐都医院胸腔外科将3D打印的PEEK材料胸骨顺利植入一位胸壁肿瘤患者体内，为该技术相关的世界首次临床案例。

与金属植入物相比，PEEK具有以下两个突出的优势。

① PEEK的弹性模量与皮质骨弹性模量接近，尤其是碳纤维增强PEEK的弹性模量与皮质骨弹性模量更为匹配。

② PEEK可透过X射线，CT或MRI扫描时不产生伪影，因而较容易监控骨生长和愈合过程。

与不锈钢、钛合金和超高分子量聚乙烯植入物相比，PEEK及其复合材料具有良好的耐磨性能，可有效避免由于磨损颗粒引发的植入体周围炎症和骨溶解等问题。因此，PEEK在骨科种植体的应用中被认为是替代传统种植体的候选材料之一。

但PEEK植入人体后，还需要长期跟踪观察其对人体的影响。

（1）材料特性

生物功能性：好

生物相容性：好

化学稳定性：高

可加工性：高

（2）适用设备

聚高Surgeon、三的部落等。

（3）主要用途

生物、科研、医疗等。

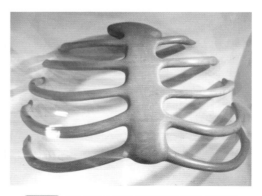

图4-11 西安交通大学聚高团队3D打印PEEK胸骨

4.3 非金属和非生物材料 >>>>>>>>>

目前3D打印技术的最大瓶颈并不是打印技术本身，而是打印原材料。现在可供打印的材料大类上只有14种，还远远不能满足各种行业应用的需要。除了前面介绍的金属和生物材料外，常见的打印材料还包括塑料、树脂、纸、石膏、尼龙等。

4.3.1 塑料

塑料也称为树脂，由于可以自由改变形体样式，使用非常方便，已逐渐成为各种生产制造中最为常见的合成高分子化合物（图4-12）。通常采用单体原料以合成或缩合反应聚合而成，由合成树脂及填料、增塑剂、稳定剂、润滑剂、色料等添加剂组成的。

塑料的主要成分是树脂，占塑料总重量的40% ~ 100%。树脂这一名词最初是由动植物分泌出的脂质而得名，如松香、虫胶等，指尚未和各种添加剂混合的高聚物。因此塑料的基本性能主要取决于树脂的材料属性，但添加剂也起着非常重要的作用。有些塑料基本上是由合成树脂所组成，不含或仅含有少量添加剂，如有机玻璃、聚苯乙烯等。

由于塑料是一种以高分子量有机物质为主要成分的材料，并且在加工完成时呈现固态形状，因而在制造以及加工过程中，多采用液化流动来进行造型。在工业领域中，一般将PP（聚丙烯，俗称百折胶或塑料）、HDPE（学名高密度聚乙烯，俗称硬性软胶）、LDPE（低密度聚乙烯，常用于保鲜膜、塑料膜等）、PVC（聚氯乙烯，俗称搪胶）及PS（聚苯乙烯，常用于碗装泡面盒、快餐盒）称为五大泛用塑料。

但在3D打印中，最常使用的塑料材料却是ABS和PLA，并不属于五大泛用塑料之中。

① ABS：丙烯腈-丁二烯-苯乙烯共聚合物，俗称超不碎胶。是一种用途广泛的工程塑料，具有杰出的物理机械性能和热性能，广泛应用于家用电器、面板、面罩、组合件、配件等，尤其是家用电器（如洗衣机、空调、冰箱、电扇等），用量十分庞大。另外在塑料改形

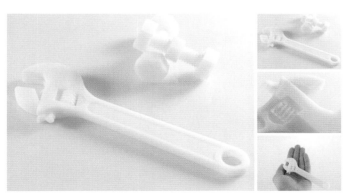

图4-12 塑料——一种强度高、硬度好并拥有较好尺寸精度的材料

方面，用途也很广。正由于其优秀的塑料改形方面的特征，使其成为熔融挤压式（FDM）3D打印机使用材料的首选。

② PLA：聚乳酸（PLA）。是一种热塑性脂肪族聚酯。生产聚乳酸所需的乳酸和丙交酯可以通过可再生资源发酵、脱水、纯化后得到，所得的聚乳酸一般具有良好的机械性能和加工性能，而聚乳酸产品废弃后又可以通过各种方式快速降解，因此聚乳酸被认为是一种具备良好的使用性能的绿色塑料。由于聚乳酸生产加工的生物可降解塑料，可全面取代目前所用的传统石化塑料。除了更加环保之外，临床试验还证明以PLA为材料制成人体骨材，相比其他塑料而言，用于人体骨骼缺损等领域的修复时具有更加良好的效果。

（1）材料特性

强度：较高

细节：中

表面光滑度：中

抗腐蚀性：高

柔韧性：中

（2）适用设备

开源REPRAP系列、Stratasys公司的Replicator系列、3D Systems公司的Cube系列等。

（3）主要用途

机械制造、模型设计、教育医疗、服装艺术等。

4.3.2 光敏树脂

光敏树脂，俗称紫外线固化无影胶，或UV树脂（胶），主要由聚合物单体与预聚体组成，其中加有光（紫外光）引发剂，或称为光敏剂。在一定波长的紫外光（250～300nm）照射下便会立刻引起聚合反应，完成固态化转换。

在正常情况下，光敏树脂一般作为液态来保存，常用于制作高强度、耐高温、防水等的材料。随着光固化成型（SLA）3D打印技术的出现，该材料开始被用于3D打印领域。

由于通过紫外线光照便可固化，可以通过激光器成型，也可以通过投影直接逐层成型。因此，采用光敏树脂作为原材料的3D打印机普遍具备成型速度快、打印时间短等优点（图4-13）。

但光敏树脂对打印的工艺过程有较高要求，进行3D打印时需确保每一层铺设的树脂厚度完全一致。当聚合照射的深度小于层厚时，层与层之间将

图4-13 能够表现高清晰细节的光敏树脂

黏合不紧，甚至会发生分层脱落的情况；但如果聚合照射的深度大于层厚时，又将引起过固化，从而产生较大的残余应力引起翘曲变形，影响最终打印成型的精度。在扫描照射面积相等的情况下，待固化层越厚则需固化的体积越大，聚合反应产生的层间应力就越大，使得照射后的层厚难以控制。因而为了减小层间应力的影响，需尽可能地减小单层固化的厚度以减小单次固化的体积。

但即使控制得非常精确，经过照射固化后的光敏树脂还是难于完全固化，往往需要进行二次固化处理。并且由于材料特性，固化的光敏树脂硬度普遍较低、较脆、易断裂，性能往往不及常用的工业塑料。另外，日常保存环境也有更加严格的要求，需要避光保护才能防止提前发生聚合反应。并且液态树脂有气味和毒性，因此打印时最好能在隔离环境下进行，打印完成的物品也基本只能是透明材质，选择比较单一。

目前，针对传统用于光固化3D打印的光敏树脂缺乏功能性应用这一问题，通过新材料技术研发突破，市面上已经出现了具备满足应用场景的高性能光敏树脂。例如，清锋时代公司通过自主研发已经发布了其高性能弹性EM系列材料（图4-14）和韧性TM系列材料。从测试实验了解，EM系列具有高弹性、高强度、抗撕裂、耐弯折等优异性能表现，可以应用到运动鞋、头盔、护膝等需要吸震缓冲的领域；TM系列具有高强度、高韧性、抗冲击等物理特性，可以应用到汽车、无人机等需要平衡刚性和韧性的领域。而Carbon公司在此之外，还开发了光敏树脂的医用级材料等。可见，光固化成型的新型技术在精度和速度方面的优势，将加速光敏树脂这一打印材料的研发进程，应用前景和发展潜力广阔。

（1）材料特性

强度：低→高

细节：高

表面光滑度：高

抗腐蚀性：中

柔韧性：低→高

（2）适用设备

3D Systems公司的SLA系列，清锋时代公司的LEAP系列，Carbon公司的Clip系列。

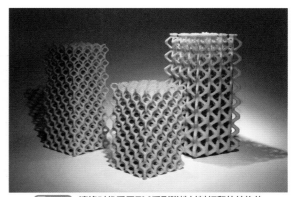

图4-14 清锋时代采用EM系列弹性材料打印的结构体

（3）主要用途

传统光敏树脂用于珠宝首饰、模型设计、机械制造等，高性能光敏树脂用于消费品、工业领域终端产品的规模化制造。

4.3.3 纸

目前，市面上可以看到的3D打印机类型已有十余种之多，但所有的这些3D打印机都是一层一层地逐层构建物体。不同打印机的主要区别之一在于打印原材料各不相同，有的挤出塑料溶液的细丝；有的喷洒特殊的"墨水"，如在紫外线光束下发送聚合反应固化的液态高分子材料；有的采用粉状塑料或金属，然后通过激光或电子光束照射成型。但还有一种最常见的打印材料可用于3D打印——纸，办公室办公用品供应商史泰博已在其荷兰阿尔梅德商店中提供3D打印服务，他们打印机的层是由办公室中最常见的A4纸张制作而成。

与其他3D打印系统一样，LOM技术（层叠法成型）和SDL技术（Selective Deposition Lamination，选择性沉积纹理）开始时都采用一系列物品复制过程中的数字切片，然后送到打印机中依次重造每个图层。打印设备使用滴到纸张上的黏合剂而进行打印过程。更多黏合剂用到物体形成的第一个图层，而其他地方用的黏合剂较少，轻轻黏合的地方作为所建立的结构的支撑位置。

然后，打印机滑向第一张顶部的第二张纸，把它们压在一起进行黏合。完成之后，使用碳化钨叶片或激光照射切出物品的轮廓。一层接着一层地继续这个过程，直到物品打印完成。然后从机器中移除，剥开支架材料，完成作品，暴露的地方便类似于木头。

采用纸作为原材料进行打印制作还有一个巨大的好处便在于可以进行全彩色打印，着色的过程也和二维印刷方式完全一样。每一张纸在放到成品里之前都依照图案在顶部和底部用适当的油墨印刷，在每张纸的切割过程中也在边缘侧面进行印刷。在油墨渗入到纸中之后，顺便还遮盖了打印的切痕，使得整个打印作品如实际产品般栩栩如生（图4-15）。

目前，一些能够兼容普通二维打印纸的3D打印机已经上市，主要用于生产建筑物模型、三维地图、部分原型、模型和像小雕像等各类应用。随着技术和工艺越来越成熟、完善，这些产品将能够帮助人们更充分地发挥想象力，打印出各种各样的东西。也许在将来的某一天，更多办公文件转移到了网络空间，那么三维纸张打印设备甚至可以用来代替传统二维设备。

（1）材料特性

强度：低

细节：高

表面光滑度：中

抗腐蚀性：低

柔韧性：中

（2）适用设备

Mcor公司的Staples Easy 3D、
紫金立德的LOM系列。

（3）主要用途

机械制造、模型设计、教育医疗、服装艺术等。

图4-15　基于普通纸张的3D打印模型

4.3.4　蜡

蜡主要由动物、植物或矿物质所产生的油质构成，在常温下一般为固态，材料特性上表现为高可塑性，易熔化，不溶于水，可溶于二硫化碳和苯等。蜡的凝固点都比较高，在

38～90℃。蜡通常在狭义上是脂肪酸、一价或二价的脂醇和熔点较高的油状物质。而从广义上讲，蜡通常是指具有某些类似性状的油脂等物质，常指植物、动物或者矿物质等所产生的某种常温下为固体，加热后容易液化或者气化，容易燃烧，不溶于水，具有一定润滑作用的物质。

目前，市场上专业的蜡材3D打印机最常见的是美国3D Systems公司的ProJet 3500系列，该系列蜡型3D打印机能够打印非常高质量的蜡材质模型，一般铸造厂铸造工艺都能够应用。其采用的原材料蜡为专用的工业用蜡，最终打印效果非常精致，物品表面光滑并充满质感，有着非常良好的细节和卓越的精确度（图4-16）。在实际应用中，主要用于珠宝铸造、微型医疗器械、医疗植入物、电器元件、小雕像、复制品、收藏品、机械零件等领域。

（1）材料特性

强度：低

细节：高

表面光滑度：高

抗腐蚀性：低

柔韧性：低

（2）适用设备

3D Systems公司的ProJet 3500系列。

（3）主要用途

珠宝首饰、模型设计、机械制造等。

图4-16　3D Systems公司的蜡材3D打印机和打印样品

4.3.5　石膏

石膏是单斜晶系矿物质，主要化学成分是硫酸钙（$CaSO_4$）。作为一种用途广泛的工业材料和建筑材料，可用于水泥缓凝剂、石膏建筑制品、模型制作、医用食品添加剂、硫酸生产、纸张填料、油漆填料等。供3D打印设备使用的石膏通常为白色粉末状，正常情况下无色，有时因含部分杂质呈灰色、浅黄色或浅褐色等。石膏材料同时也是五大凝胶材料之一，在工业生产中作为非常重要的原材料，广泛用于建筑、建材、工业模具和艺术模型、化学工业及农业、食品加工和医药美容等众多领域。

在各种3D打印设备中，石膏粉主要是作为喷墨黏粉式（3DP）打印机的原材料。由于石膏本身为无色粉末状，需要通过黏结剂结合在一起成型，使得使用材料的打印产品普遍具有较好的硬度，但未经后处理的话则会非常脆和易碎。另外，由于黏结剂的喷头可以同时加上色彩墨盒，在打印时将色彩融入黏结剂中，从而给模型上色，使得该工艺成为目前最成熟的全彩色3D打印技术。从图4-17也可以看出，打印出来的样品色彩亮丽，栩栩如生，这些是其他3D打印技术所无法比拟的。

如前面所述，打印后的石膏模型往往强度都较低，并且容易受空气和水分腐蚀，因此往往需要后期加工进行烧制等工艺处理。经过后期烧制加工的石膏模型，其硬度会有显著提高，但由于模型包含石膏和胶水等不同成分，如果分布不均匀则极易产生变形，影响模型的精度和细节。

（1）材料特性

强度：中

细节：中

表面光滑度：低

抗腐蚀性：高

柔韧性：低

（2）适用设备

ZCorp公司的ZPrinter系列彩色立体打印机。

（3）主要用途

模型设计、机械制造、教育医疗等。

图4-17　石膏模型，主要成分为石膏，一种良好的全彩色打印材料

4.3.6　尼龙

尼龙（Nylon）又称为耐纶（简称PA，Polyamide），是分子主链上含有重复酰胺基团的热塑性树脂总称。主要包括脂肪族PA，脂肪-芳香族PA和芳香族PA，其命名由合成单体具体的碳原子数来决定。其中，脂肪族PA品种多产量大，是应用最为广泛的类型。

尼龙是最重要的工程塑料，产量一直在五大通用工程塑料中居首位。最早是由杜邦公司（DuPont）的科学家卡罗瑟斯（Wallace Hume Carothers）领导的科研小组，于20世纪70年代研制成功，是世界上第一种合成纤维。尼龙的出现使纺织品的面貌焕然一新，它的合成是合成纤维工业的重大突破，同时也是高分子化学的一个重要里程碑。

经过许多年发展，尼龙的种类已经非常庞大，特别是增强性尼龙。目前人们主要用于3D打印制造的尼龙，也基本上都是增强性尼龙，常见的添加材料包括碳增强塑料、钛、不锈钢、铝等金属粉末。通过多种材料组合，混合制造出既坚韧又轻便的产品，主要应用于航空航天、发动机制造和机械工程等领域。

在具体的打印使用中，尼龙材料通常为白色、非常精细的粉末状物体。打印完成后的成品材料属性非常好，具备受力强度高、韧性好等特点，并可以承受一定的压力（图4-18）。由于多采用激光烧结工艺（SLS）进行打印制作，因此成品的表面颗粒比较明显，多有一些磨砂感并伴随细微的小孔。由于材料强度和黏结度良好、打印精度高，因此常用于复杂模型、概念模型、小型模型、灯饰及功能性模型的制作。

空中客车（Airbus）的母公司——欧洲航空防务和航天公司（EADS），通过强度堪比钢铁的轻便增强性尼龙，结合3D打印技术快速制造出了A380飞机的部分原件。从测试结果来看，这些直接通过3D打印制作出来的零部件，完全具备原有部件的功能，而同时重量仅为原部件的一半，更重要的是整个过程节约了95%的原材料。

（1）材料特性

强度：较高

细节：较高

表面光滑性：较低

抗腐蚀性：高

柔韧性：中

（2）适用设备

EOS P塑料尼龙粉末烧结成型

设备。

（3）主要用途

工业制造、模型设计、科研教育等。

图4-18 尼龙——一种强度高和韧性好并拥有高精度细节的材料

4.3.7 陶瓷

陶瓷也是应用十分广泛的一种材料，是指用天然或合成化合物经过成型和高温烧结制成的一类无机非金属材料。

陶瓷材料具有优良高温性能、高强度、高硬度、低密度、好的化学稳定性，使其在航天航空、汽车、生物等行业得到广泛应用（图4-19）。而陶瓷难以成型的特点又限制了它的使用，尤其是复杂陶瓷制件的成型均借助于复杂模具来实现。复杂模具需要较高的加工成本和较长的开发周期，而且，模具加工完毕后，就无法对其进行修改，这种状况越来越不适应产品的改进即更新换代。采用3D打印技术制备陶瓷制件可以克服上述缺点。

目前，主流3D打印用先进陶瓷材料，包括氧化铝、氧化锆、磷酸三钙、羟基磷灰石、氮化硅、碳化硅等。

而根据所使用的陶瓷材料的不同形态，可以选用不同的3D打印技术来成型。常用的技术类型包括以下几种。

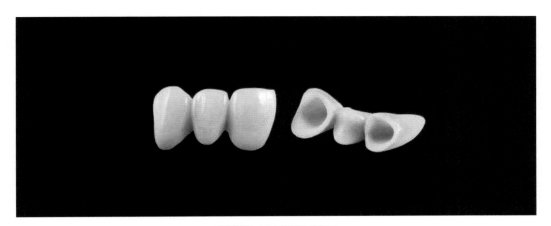

图4-19 3D打印的陶瓷牙冠

（1）熔融沉积成型技术（FDM），主要使用陶瓷膏料，由于成型精度低，主要用于制造供观赏和使用的瓷器，在陶瓷件打印完成之后需要进行上釉和煅烧等工艺流程。

（2）光固化成型技术（SLA），主要使用混合了光敏树脂的陶瓷浆料，在光固化成型之后，需要进行脱脂烧结去除工件中的树脂，从而得到高纯度的陶瓷件，主要用于制造航空航天零部件、模具型芯、牙科产品、植入物、珠宝首饰等。

（3）激光烧结技术（SLS），主要使用陶瓷粉体材料，通过烧结包裹了黏结剂的陶瓷粉末材料成型，打印完成后同样需要进行脱脂去除黏结剂，应用领域与上述相近。但由于其精度相对较低，对粉末要求高，因此目前使用该技术的并不是很多。

最近，波兰游戏开发商Infinite Dreams公司同3D打印服务商Sculpteo公司，合作推出数字化陶瓷制作应用程序。用户在完成自己的模型后，可以将模型提交到其官方网站上，接着使用3D Systems公司的3D打印机把设计好的陶器模型打印出来，然后寄给用户（图4-20）。

根据其网站上的描述，这款应用最小的陶瓷是2英尺高，差不多5cm左右，售价为14美元，其中包括6美元运费。花费8美元（约50元人民币）换一个自己设计并且3D打印出来的陶器还是不错的，稍微大一点（10cm）的陶器大概需要30美元，15cm的则高达100美元。

（1）材料特性

氧化铝：高强度、耐高温、耐腐蚀、耐磨损、化学稳定性好

氧化锆：高强度、耐高温、耐腐蚀、耐磨损、化学稳定性好

磷酸三钙：无变异性、良好生物相容性

羟基磷灰石：生物相容性好

（2）适用设备

十维科技AUTOCERA-M，3D CERAM CERAMAKER900。

图4-20 "Let's Creat Pottery!"定制生产的陶壶

（3）主要用途

工业制造、航空航天、生物医疗、文化创意、消费用品等。

4.3.8 金属高分子复合材料

金属3D打印是目前3D打印领域最让人关注的话题，从飞机发动机组件到空间卫星零件的制造都将金属3D打印变成聚焦点。

目前，金属3D打印的技术工艺主要分为两大类：第一种是包括粉末床融化(SLM，EBM)、直接能量沉积(LENS)等技术的"直接金属3D打印技术"；第二种是包括金属注射成型（MIM）、黏合剂喷射、FDM熔融挤出金属3D打印技术等需要后处理加热除去黏结剂和烧结的"间接金属3D打印技术"。

而本处所要介绍的金属高分子复合材料主要是为"间接金属3D打印技术"所使用的材料。将金属粉末材料与高分子材料（黏合剂作用）复合在一起，通过3D打印技术构建出3D实体，然后通过烧结将黏合剂去除，最后只留下金属部分。"间接金属3D打印技术"已经成为当前金属3D打印领域中非常流行的一个方向。

3D打印金属高分子复合材料适用的技术类型包括Markforged"原子扩散增材制造"（ADAM）技术、以色列XJet纳米颗粒喷射成型技术、惠普体素级黏合剂喷射技术（voxel-level binder jetting technology）、Desktop Metal结合金属沉积（BMD）技术、FDM金属注射成型（MIM）3D打印技术、3DP粉末黏合（图4-21）。

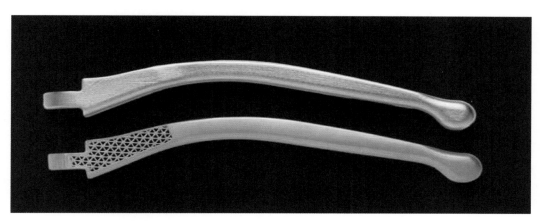

图4-21 Desktop Metal使用金属高分子复合材料3D打印出的金属零件

（1）适用设备
Desktop Metal Studio System、Markforged Metal X。
（2）主要用途
工业制造、航空航天、汽车等。

4.3.9 碳纤维复合材料

碳纤维主要是由碳元素组成的一种特种纤维，其含碳量随种类不同而异，一般在90%以上。碳纤维具有一般碳素材料的特性，如耐高温、耐摩擦、导电、导热及耐腐蚀等，但与一般碳素材料不同的是，其外形有显著的各向异性、柔软、可加工成各种织物，沿纤维轴方向表现出很高的强度。碳纤维比重小，因此有很高的比强度。

碳纤维的主要用途是与树脂、金属、陶瓷等基体复合，制成复合结构材料。当前，利用3D打印技术结合碳纤维增强塑料及复合材料，制造高强度直接使用的工件已经成为新潮流（图4-22）。3D打印碳纤维复合材料成型工艺与传统制造手段相比，具有工艺简单、加工成本低、原材料利用率高、生产技术绿色与环保等优点，同时还实现复合材料制件的结构设计与制造一体化完成、无需再开模具制造、可以反复数字化修模与打印制件验证，从而可以加快开发周期、节约开发成本，可作为低成本快速成型制造的一种有效技术方案。

图4-22 Markforged 3D打印碳纤维部件

目前有两种碳纤维打印方法：短切碳纤维填充热塑性塑料和连续碳纤维增强材料。短切碳纤维填充热塑性塑料是通过标准FFF（FDM）打印机进行打印，由热塑性塑料（PLA、ABS或尼龙）组成，这种热塑性塑料由微小的短切原丝（即碳纤维）进行增强。另一方面，连续碳纤维制造是一种独特的打印工艺，其将连续的碳纤维束铺设到标准FFF（FDM）热塑性基材中。

碳纤维复合材料常用的3D打印工艺包括：激光烧结技术（SLS）、多射流熔融技术（MJF）、熔融沉积技术（FDM）。

（1）材料特性

强度：高

细节：较高

抗冲击性：高

腐蚀性：高

（2）适用设备

MarkForged Onyx One、Stratasys Fortus 380CF、HP Jet Fusion 3D 4210/4200。

（3）主要用途

航空航天、新能源汽车、军工等。

4.3.10 砂模材料

本处要介绍的砂模材料，是指在铸造生产中用来配制型砂和芯砂的一种颗粒状耐火材料，也可以称为铸造砂。在用黏土作为型砂黏结剂的情况下，每生产1吨合格铸件，大约需要补充1吨新砂，因此在砂型铸造生产中铸造砂的用量最大。

砂型铸造是个古老的生产技术，几千年来一直是生产铸件的主导工艺。近些年来，随着科技进步，增材制造、数字化制造正逐步进入传统制造领域。其中，利用3D打印砂型模具（图4-23），可以直接铸造金属工件，极大地缩短了铸造周期并提高了铸件尺寸精度，实现了数字化制造。

　　砂模材料3D打印常用的技术工艺包括：选择性激光烧结（SLS）和粉末黏合（3DP）两种，这两种技术都是根据3D设计的数据，通过黏合剂将砂一层一层地打印黏合成型。一般来讲，采用3DP喷墨砂型3D打印技术制作砂型的速度大约为激光烧结速度的10倍。

　　（1）材料特性

　　强度：较高

　　细节：较高

　　表面精度：较低

　　（2）适用设备

　　Voxeljet VX1000、ExOne S-Max。

　　（3）主要用途

　　航空航天、新能源汽车、军工等。

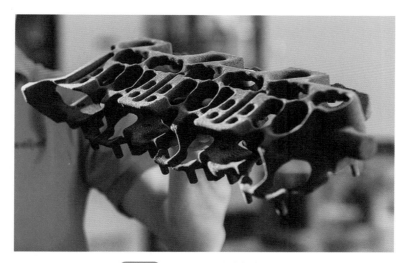

图4-23　Voxeljet 3D打印的砂型模具

在开始3D打印之前，需要准备好待打印的目标模型，同普通三维模型相比，3D打印模型还需要满足无缝的要求，因此常用STL文件来作为模型文件。

　　模型的获取方式有很多，可以通过常用的设计软件进行绘制，也可以通过扫描仪扫描后获取（例如针对样板模型，通过扫描仪扫描后得到图形，经过Imageware等逆向软件进行简单处理，接着通过设计软件处理即可打印），或者在网上各种网站上下载。

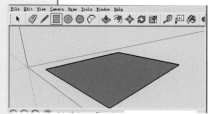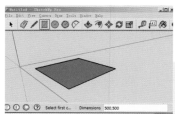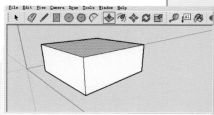

第 **3** 章

打印模型的准备

5.1 常用设计软件及导出模型方法 >>>>

能够生成打印模型的软件有许多，我们日常接触到的图形设计软件基本能满足要求，比如AUTOCAD/3DMAX/I-DEAS/PROE/SOLIDWORKS/UG等，只要能输出STL文件均可。但这些大型设计软件都是需要非常高的费用，如果没有条件获取这些软件，也可以使用一些开源免费的软件，如SketchUp、Wings 3D等。

对于其他格式的模型，或者设计软件本身不支持STL格式的情况，都可以通过其他软件将其转换为STL文件格式，然后供打印控制软件读取使用。

5.1.1 Autodesk系列

设计软件公司Autodesk（中文名为"欧特克"）是全球最大的二维、三维设计和工程软件公司，为制造业、工程建筑、设计规划以及传媒娱乐等行业提供了许多数字化设计和工程软件。旗下产品众多，其中AutoCAD、3D Max和Maya最为大家所熟知，也是各种商业化培训最多的。

5.1.1.1 AutoCAD

AutoCAD（Auto Computer Aided Design）是Autodesk于1982年发布的计算机辅助设计软件，主要用于二维绘图、详细设计和基础三维设计等。现已经成为国际上最为通用、流行的绘图工具，AutoCAD具有良好的用户界面，通过交互菜单或命令行方式便可进行各种操作。它的多文档设计环境，让许多非计算机专业人员也能很快地掌握使用。经过多年发展，现今AutoCAD已具备了广泛的适应性，可以在各种操作系统支持的微型计算机和工作站上运行。

该软件的应用领域主要包括工程制图、工业制图、服装加工、电子工业等。特别是在建筑机械领域应用非常广泛。在不同的行业中，Autodesk公司还针对行业应用开发了一些专用的版本和插件，比如在机械设计与制造行业中发行了AutoCAD Mechanical版本；在电子电路设计行业中发行了AutoCAD Electrical版本；在勘测、土方工程与道路设计发行了Autodesk Civil 3D版本；而学校里教学、培训中所用的一般都是AutoCAD Simplified版本。

AutoCAD导出STL文件流程如下。

（1）检查输出模型，必须为三维实体，且XYZ坐标都为正值。

（2）在命令行输入命令"Faceters"，设定FACETERS为1 ~ 10的一个值(1为低精度，10为高精度)。

（3）接着在命令行中再次输入命令"STLOUT"，然后选择实体。

（4）选择"Y"，输出二进制文件，选择文件名便可完成导出操作。

5.1.1.2　3D Studio Max

3D Studio Max，常简称为3Ds Max或MAX，最初是由Discreet公司开发，后被Autodesk公司收购，是一款定位于PC系统、非常优秀的三维动画渲染和制作软件，其前身是基于DOS操作系统的3D Studio系列软件。在Windows NT出现以前，工业级的CG制作几乎被SGI图形工作站垄断。3D Studio Max + Windows NT组合的出现一下子降低了CG制作的门槛，首先开始运用在电脑游戏中的动画制作，后更进一步开始参与影视片的特效制作，例如《X战警II》，《最后的武士》等。在Discreet 3Ds max 7后，正式更名为Autodesk 3Ds Max，最新版本是3Ds max 2014。

在应用范围方面，广泛应用于广告、影视、工业设计、建筑设计、三维动画、多媒体制作、游戏、辅助教学以及工程可视化等领域。

当前3Ds Max还不支持直接导出STL格式的模型。因此，我们导出STL文件时需要借助其他软件。这里推荐使用Meshlab，Meshlab虽然不能用来绘制模型，但在浏览和转换方面非常方便，并且完全免费。具体流程如下。

（1）先将3Ds Max中三维模型导出（File -> Export-> 3D model）。

（2）使用Meshlab打开导出的中间文件。

（3）选中Meshlab中的STL文件另存为（File->Save as），文件格式选择为STL即可。

5.1.1.3　Maya

Autodesk Maya（玛雅）是Autodesk公司旗下面向高端应用的一款顶级的三维动画软件，应用对象主要是专业的影视广告、角色动画、电影特技等。Maya功能非常强大，渲染真实感极强，是电影级别的高端制作软件。

Maya集成了Alias、Wavefront最先进的动画及数字效果技术，同时售价也非常高昂。它不仅包括一般三维和视觉效果制作的功能，而且还与最先进的建模、数字化布料模拟、毛发渲染、运动匹配技术相结合。Maya可在Windows NT与SGI IRIX操作系统上运行。在目前市场上用来进行数字和三维制作的工具中，Maya是很多制作者心目中的首选解决方案。

现如今Maya和3Ds Max同为Autodesk旗下的主力，技术上已几乎没有优劣之分，但面向的用户完全不同。3Ds Max的工作方向主要是面向建筑动画、建筑漫游及室内设计。而Maya的用户界面比3Ds Max更加人性化，应用也主要集中在动画片制作、电影制作、电视栏目包装、电视广告、游戏动画制作等。

同3Ds Max一样，Maya也不能直接导出STL文件，需要通过中间软件进行转换，详细的转换过程可以参照上述3Ds Max导出STL文件的具体流程。

5.1.2　I-DEAS

该软件是高度集成化的CAD/CAE/CAM软件系统，可以显著提高工程师的设计效率，在单一数字模型中完成从产品设计、仿真分析、测试直至数控加工的产品研发全过程。

I-DEAS是全世界制造业用户广泛应用的大型CAD/CAE/CAM软件，在CAD/CAE一体化技术方面一直处于领先地位，软件内含一些诸如结构分析、热力分析、优化设计、耐久性分析等模块，都属于能够显著提高产品性能的高级分析功能。

同时I-DEAS的研发公司SDRC也属于全球最大的专业CAM软件生产厂商之一，在所有的同类型产品中，I-DEAS CAMAND属于非常优秀的一款产品。I-DEAS CAMAND不仅可以方便地仿真刀具及机床的运动，还可以从简单的2轴、2.5轴加工到以7轴5联动方式来加工极为复杂的工件表面，并可以对数控加工过程进行自动控制和优化。在软件技术方面，I-DEAS还提供一整套基于互联网的协同产品开发解决方案，包含了全部的数字化产品开发流程。

I-DEAS系列软件导出STL文件流程如下。

（1）选中File（文件）菜单下Export（输出）功能。

（2）文件类型选择，通过Rapid Prototype File（快速成型文件）功能。

（3）选择输出的模型，选中Select Prototype Device（选择原型设备）。

（4）设定absolute facet deviation（面片精度）。

（5）选择STL文件存储格式，默认为Binary（二进制），便可进行导出操作。

5.1.3　Unigraphics

Unigraphics Solutions公司（简称UGS）是全球著名的MCAD供应商，主要为汽车与交通、航空航天、日用消费品、通用机械以及电子工业等领域提供完整的MCAD解决方案，其主要的CAD产品是UG。

UGS公司的产品主要包括：为机械制造企业提供包括从设计、分析到制造应用的Unigraphics软件；基于Windows的设计与制图产品Solid Edge；集团级产品数据管理系统iMAN；产品可视化技术Product Vision以及被业界广泛使用的高精度边界表示的实体建模核心Parasolid在内的全线产品。

UG系列软件最大的优势在于其丰富的曲面建模工具，包括：直纹面、扫描面、通过一组曲线的自由曲面、通过两组类正交曲线的自由曲面、曲线广义扫掠、标准二次曲线方法放样、等半径和变半径倒圆、广义二次曲线倒圆、两张及多张曲面间的光顺桥接、动态拉动调整曲面、等距或不等距偏置、曲面裁减、编辑、点云生成、曲面编辑。

Unigraphics软件导出STL文件流程如下。

（1）选中File（文件）菜单中Export（输出）功能。

（2）选择 Rapid Prototyping（快速原型），并设定文件类型为 Binary（二进制）。

（3）设定 Triangle Tolerance（三角误差）、Adjacency Tolerance（邻接误差）等一系列参数后，便可进行导出操作。

5.1.4　SketchUp

Google 于 2006 年 3 月 14 日完成了对 3D 绘图软件 SketchUp 及其开发公司 Last Software 的收购。SketchUp 是一套以简单易用著称的 3D 绘图软件，Google 收购 SketchUp 的目的主要是为了增强 Google Earth 的功能，让使用者可以利用 SketchUp 建造 3D 模型并放入 Google Earth 中，使得 Google Earth 所呈现的地图更具立体感、更接近真实世界。使用者更可以透过一个名叫 Google 3D Warehouse 的网站寻找与分享各式各样利用 SketchUp 建造的 3D 模型。

经过多年发展，Google SketchUp 已成为一款直接面向方案创作过程的优秀设计工具，其绘制界面不仅能够直观地表达设计师的思想，而且完全满足与客户即时交流的需要，使得设计师可以直接在电脑上进行十分直观的构思。

在 SketchUp 中建立三维模型就像你使用铅笔在图纸上作图一般，SketchUp 本身能自动识别你的这些线条，并加以自动捕捉。这些人性化的功能使得建模流程简单明了——画线成面而后挤压成型，这也是建筑建模最常用的方法。Google 收购 SketchUp 之后也为其添加了许多新功能，使得使用者可以更加自由地创建 3D 模型，同时还可以非常便捷地将制作成果发布到 Google Earth 上和其他人共享，又或者是提交到 "Google's 3D Warehouse" 供其他人下载。当然任何人也可以从 "Google's 3D Warehouse" 那儿得到想要的素材，以此作为创作的基础。

目前，SketchUp 提供两个版本，一个标准版供大家免费下载，还有一个专业版，售价为 495 美元。标准版和专业版的主要区别如下。

（1）专业版用户可以打印或输出比屏幕分辨率高的光栅图像。

（2）专业版用户可以随意打开 DWG/DXF/3DS/OBJ/XSI/VRML/FBX 格式文件。

（3）专业版用户可以将动画或预览输出为 .MOV 或 .AVI 格式视频。

（4）专业版用户可以获得 Sandbox 工具以及影片舞台工具。

（5）专业版可用于商业用途，而免费版只可用于个人用途。

Google SketchUp 软件同 3Ds Max 等三维制作软件一样，有丰富的模型模板资源，在设计中可以直接调用、插入、复制等进行编辑任务。同时 Google 公司还建立了庞大的 3D 模型库，集合了来自全球各个国家的模型资源，形成了一个很庞大的分享平台。不过遗憾的是，在搜索中尽量要使用英文单词输入关键字，才能快捷地找到自己需要的模型，这一点在国内还是给大家带来了很多不便。现在设计师们已经将 SketchUp 及其组件资源广泛应用于室内、室外、建筑等领域。

目前 SketchUp 并不能直接导出 STL 文件，需要通过中间软件进行转换，详细的转换过程可以参照 3Ds Max 导出 STL 文件的过程。

5.1.5.1　Rhino

　　Rhino，中文名犀牛，于1998年8月正式上市，是美国Robert McNeel & Assoc 开发的基于NURBS为主、功能强大的高级三维建模软件。Rhino具备比传统网格建模 更为优秀的NURBS（Non-Uniform Rational B-Spline）建模方式，也有类似于3Ds Max的网格建模插件T-Spline，其发展理念是以Rhino为系统，不断开发各种行业的 专业插件、多种渲染插件、动画插件、模型参数及限制修改插件等，使之不断完善， 发展成一个通用型的设计软件。除此之外，Rhino的图形精度高，能输入和输出obj、 DXF、IGES、STL、3dm等几十种文件格式，所绘制的模型能直接通过各种数控机器 加工或成型制造出来。如今，已被广泛应用于建筑设计、工业制造、机械设计、科学 研究和三维动画制作等领域。

　　从设计稿、手绘到实际产品，或是只是一个简单的构思，Rhino所提供的曲面工具可 以精确地制作所有用来渲染表现、动画、工程图、分析评估以及生产用的模型。Rhino可 以在Windows系统中建立、编辑、分析和转换NURBS曲线、曲面和实体，不受复杂度、 阶数以及尺寸的限制。Rhino也支援多边形网格和点云。

　　Rhino是一个"平民化"的高端软件，相对其他的同类软件而言，它对计算机的操作 系统没有特殊选择，对硬件配置要求也并不高，在安装上更不像其他软件那样随时可以动 辄几百兆磁盘，而Rhino只占用区区二十几兆，在操作上更是易学易懂。

　　Rhino软件导出STL文件流程如下。

　　（1）选中File（文件）菜单中Export（输出）功能。

　　（2）设置文件保存路径和文件名，并设置保存类型为STL。

　　（3）设定文件类型为二进制或者Ascii后，便可进行导出操作。

5.1.5.2　Grasshopper

　　Grasshopper(简称GH)是一款在Rhino环境下运行的采用程序算法生成模型的插件， 是目前设计类专业参数化设计方向的入门软件。与传统建模工具相比，GH的最大特点是 可以向计算机下达更加高级复杂的逻辑建模指令，使计算机根据拟定的算法自动生成模型 结果。通过编写建模逻辑算法，机械性的重复操作可被计算机的循环运算取代；同时设计 师可以向设计模型植入更加丰富的生成逻辑。无论在建模速度还是在水平上与传统工作模 式相比，都有较大幅度的提升。

　　GH很大的价值在于它是以自己独特的方式完整记录起始模型（一个点或一个盒子） 和最终模型的建模过程，从而达到通过简单改变起始模型或相关变量就能改变模型最终形 态的效果。当方案逻辑与建模过程联系起来时，GH可以通过参数的调整直接改变模型形 态。这无疑是一款极具参数化设计的软件。

　　作为一款插件，GH需要通过Rhino导出STL文件。

5.1.6 ANSYS/ABAQUS

除了以上所提到的模型设计软件以外，仿真模拟软件对于3D打印同样重要，关系到所打印的模型是否符合生产及应用场景的力学性能要求、热学性能要求等，常用的仿真模拟软件包括ANSYS、ABAQUS等。

将STL文件导入ANSYS/ABAQUS，通过软件的仿真模拟验证模型的热力学性能，根据验证结果，再利用设计软件进行调整，以达到最佳性能要求。

5.1.6.1 ANSYS

ANSYS软件是美国ANSYS公司研制的大型通用有限元分析（FEA）软件，是世界范围内增长最快的计算机辅助工程（CAE）软件，能与多数计算机辅助设计（CAD，computer Aided design）软件接口，实现数据的共享和交换，如Creo、NASTRAN、Algor、I-DEAS、AutoCAD等。ANSYS是融结构、流体、电场、磁场、声场分析于一体的大型通用有限元分析软件。在核工业、铁道、石油化工、航空航天、机械制造、能源、汽车交通、国防军工、电子、土木工程、造船、生物医学、轻工、地矿、水利、日用家电等领域有着广泛的应用。

ANSYS主要包括三个部分：前处理模块、分析计算模块和后处理模块。前处理模块提供了一个强大的实体建模及网格划分工具，用户可以方便地构造有限元模型；分析计算模块包括结构分析（可进行线性分析、非线性分析和高度非线性分析）、流体动力学分析、电磁场分析、声场分析、压电分析以及多物理场的耦合分析，可模拟多种物理介质的相互作用，具有灵敏度分析及优化分析能力；后处理模块可将计算结果以彩色等值线显示、梯度显示、矢量显示、粒子流迹显示、立体切片显示、透明及半透明显示（可看到结构内部）等图形方式显示出来，也可将计算结果以图表、曲线形式显示或输出。

ANSYS提供了100种以上的单元类型，用来模拟工程中的各种结构和材料。该软件有多种不同版本，可以运行在从个人机到大型机的多种计算机设备上，如PC、SGI、HP、SUN、DEC、IBM、CRAY等。

ANSYS功能强大，操作简单方便，现在已成为国际最流行的有限元分析软件。目前，我国100多所理工院校采用ANSYS软件进行有限元分析或者作为标准教学软件。

5.1.6.2 ABAQUS

ABAQUS是一套功能强大的工程模拟的有限元软件，其解决问题的范围从相对简单的线性分析到许多复杂的非线性问题。ABAQUS包括一个丰富的、可模拟任意几何形状的单元库。并拥有各种类型的材料模型库，可以模拟典型工程材料的性能，其中包括金属、橡胶、高分子材料、复合材料、钢筋混凝土、可压缩超弹性泡沫材料以及土壤和岩石等地质材料，作为通用的模拟工具，ABAQUS除了能解决大量结构（应力/位移）问题，还可以模拟其他工程领域的许多问题，例如热传导、质量扩散、热电耦合分析、声学分析、岩土力学分析（流体渗透/应力耦合分析）及压电介质分析。

ABAQUS有两个主求解器模块：ABAQUS/Standard和ABAQUS/Explicit。ABAQUS

还包含一个全面支持求解器的图形用户界面，即人机交互前后处理模块——ABAQUS/CAE。ABAQUS对某些特殊问题还提供了专用模块来加以解决。

ABAQUS被广泛地认为是功能最强的有限元软件，可以分析复杂的固体力学结构系统，特别是能够驾驭非常庞大复杂的问题和模拟高度非线性问题。ABAQUS不但可以做单一零件的力学和多物理场的分析，同时还可以做系统级的分析和研究。ABAQUS的系统级分析的特点相对于其他的分析软件来说是独一无二的。由于ABAQUS优秀的分析能力和模拟复杂系统的可靠性使得ABAQUS被各国的工业和研究广泛采用。ABAQUS产品在大量的高科技产品研究中都发挥巨大的作用。

5.1.7 其他

5.1.7.1 Alibre

美国得克萨斯州的Alibre公司研发的Alibre Design软件，是由一群专业的工程师基于互联网所研发的3D实体模型建构软件，具备强大的实时协同工作的能力，使得设计团队能够同时进行互动式的3D设计。Alibre Design软件同时具有强大的机械结构设计、即时线上协同设计、设计小组资料控管等功能，通过互联网实时让不同地区的使用者安全地分享各种设计内容，从而有效减少成本、缩短制造周期、强化生产力、提升品质。在内容上主要涵盖了三维建模、钣金、运动模拟、二维工程图的创建和数据管理功能，使得用户轻松创建设计三维机械模型，并生成符合各种标准的二维图纸，属于一款性价比十分高的三维参数化建模应用软件。

Alibre导出STL文件流程如下。

（1）选中File（文件）菜单的Export（输出）功能。

（2）选中Save As（另存为），文件类型选择.STL。

（3）最后输入文件名，点击Save（保存）即可。

5.1.7.2 IronCAD

IronCAD是美国IronCAD公司的产品，擅长非常复杂的燃气轮机等零部件的设计工作，功能上非常具有针对性，包括一些复杂曲面造型（涡轮叶片），大量的紧固件排布（燃烧室）和纵横交错的管线（包括油路和电路）等专业性的功能。同时IronCAD还为用户提供了创新设计的工具，在造型、协同、绘图等方面具有更强的功能。它既可单独用于创新设计，又可作为大型协同解决方案的构件。

IronCAD导出STL文件流程如下。

（1）右键单击要输出的模型，选中Part Properties（零件属性）。

（2）点击Rendering（渲染），然后设定Facet Surface Smoothing（三角面片平滑）为150。

（3）选中File（文件）菜单下的Export（输出）功能。

（4）选择.STL文件格式，导出即可。

5.1.7.3　ProE

Pro/Engineer操作软件是美国参数技术公司（PTC）旗下CAD/CAM/CAE一体化的三维绘图软件。在众多绘图软件中，Pro/Engineer软件一直以参数化著称，是参数化技术的最早应用者。在目前的三维造型软件领域中占有重要地位，Pro/Engineer作为当今世界机械CAD/CAE/CAM领域的新标准而得到业界的认可和推广。是现今主流的CAD/CAM/CAE软件之一，特别是在国内产品设计领域占据重要位置。

Pro/Engineer和WildFire是PTC公司官方使用的软件名称，但在我国用户所使用的名称中，并存着多个说法，比如ProE、Pro/E、破衣、野火等都是指Pro/Engineer软件，ProE2001、ProE2.0、ProE3.0、ProE4.0、ProE5.0、Creo1.0/Creo2.0等都是指软件的版本。

ProE软件导出STL文件的流程如下。

（1）File（文件）->Export（输出）->Model（模型）。

（2）或者选择File（文件）->Save a Copy（另存一个复件）->选择.STL。

（3）设定弦高为0。然后该值会被系统自动设定为可接受的最小值。

（4）设定Angle Control（角度控制）为1。

ProE Wildfire的STL文件导出流程如下。

（1）File（文件）->Save a Copy（另存一个复件）->Model（模型）->选择文件类型为STL。

（2）设定弦高为0。然后该值会被系统自动设定为可接受的最小值。

（3）设定Angle Control（角度控制）为1。

5.1.7.4　Solid Edge

Solid Edge是Siemens PLM软件公司旗下的三维CAD绘图软件，采用Siemens PLM Software公司自己拥有专利的Parasolid作为软件核心，将普及型CAD系统与世界上最具领先地位的实体造型引擎结合在一起，是一款基于Windows平台、功能强大且易用的三维CAD软件。

Solid Edge软件的特点是支持至顶向下和至底向上的设计思想，其建模核心、钣金设计、大装配设计、产品制造信息管理、生产出图、价值链协同、内嵌的有限元分析和产品数据管理等功能处于行业领先，已经成功应用于机械、电子、航空、汽车、仪器仪表、模具、造船、消费品等行业。同时系统还提供了从二维视图到三维实体的转换工具，从而实现无需摒弃已有二维图形，通过借助Solid Edge就能迅速转换成三维设计。

在技术上，Solid Edge主要采用STREAM/XP技术，将逻辑推理、几何特征捕捉和决策分析融入产品设计的各个过程中。基于工作流程的工具条比较有特点，根据当前工作所处的不同阶段提供动态信息反馈和引导，同时各种命令的设计也比较简洁，使得整个操作过程自然流畅，无须牢记命令的细节，就能在动态工具条的引导下完成设计而不会感到迷茫。

Solid Edge的STL文件导出流程非常简单：File（文件）->Save As（另存为）->选择文件类型为STL。需要注意的是Options（选项），建议设定Conversion Tolerance（转换误差）为0.0254mm，设定Surface Plane Angle（平面角度）为45.00。

5.1.7.5 SolidWorks

SolidWorks 为 Dassault Systemes S.A（达索系统）下的子公司，专门负责研发与销售机械设计系列的软件产品。SolidWorks 的母公司达索公司负责系统性的软件供应，并为制造厂商提供具有联网整合能力的支援服务。该集团提供涵盖整个产品生命周期的系统，包括设计、工程、制造和产品数据管理等各个领域中的最佳软件系统，著名的CATIAV5就出自该公司之手。

SolidWorks 软件是世界上第一个基于Windows开发的三维CAD系统，同时还采用了Windows OLE技术、直观式设计技术、先进的parasolid内核以及良好的与第三方软件的集成技术。目前全球发放的SolidWorks软件使用许可约28万，涉及航空航天、机车、食品、机械、国防、交通、模具、电子通信、医疗器械、娱乐工业、日用品/消费品、离散制造等分布于全球100多个国家3万多家企业。在教育市场上，每年来自全球4300所教育机构的近145000名学生通过SolidWorks的培训课程。

在美国，包括麻省理工学院、斯坦福大学等在内的著名大学已经把SolidWorks列为制造专业的必修课，国内的一些大学和教育机构，如清华大学、华中科技大学、哈尔滨工业大学、北京航空航天大学、大连理工大学、北京理工大学、武汉理工大学、上海教育局等也在应用SolidWorks进行教学。

SolidWorks 导出 STL 文件的流程如下。

（1）File（文件）–>Save As（另存为）–>选择文件类型为STL。

（2）Options（选项）–>Resolution（品质）–>Fine（良好）–>OK（确定）。

5.2 STL格式规范 >>>>>>>>>

STL（光固化快速成型STereoLithography的缩写）是由3D Systems公司为光固化CAD软件创建的一种文件格式。同时STL也被称为标准镶嵌语言（Standard Tessellation Language）。该文件格式被许多软件支持，并广泛用于快速成型和计算机辅助制造领域。STL文件只描述三维对象表面几何图形，不含有任何色彩、纹理或者其他常见CAD模型属性的信息。STL文件支持ASCII码和二进制两种类型，其中二进制文件由于简洁而更加常见。

一个STL文件通过存储法线和顶点（根据右手法则排序）信息来构成三角形面，从而拟合坐标系中的物体的轮廓表面。STL文件中的坐标值必须是正数，并没有缩放比例信息，但单位可以是任意的。除了对取值外，STL文件还必须符合以下三维模型描述规范。

（1）共顶点规则。每相邻的两个三角形只能共享两个顶点，即一个三角形的顶点不能落在相邻的任何一个三角形的边上。

（2）取向规则。对于每个小三角形平面的法向量必须由内部指向外部，小三角形三个顶点排列的顺序同法向量符合右手法则。每相邻的两个三角形面片所共有的两个顶点在他们的顶点排列中都是不相同的。

（3）充满规则。在STL三维模型的所有表面上必须布满小三角形面片。

（4）取值规则。每个顶点的坐标值必须是非负的，即STL模型必须落在第一象限。

5.2.1 STL文件的ASCII码格式

一个以ASCII码存储的STL文件第一行都是：

solid name

其中 name 为变量，表示描述对象的名称（如果为空，那在solid命令后也需要加上空格）。文件内容接下来为连续的三角形信息，其中单个的描述格式如下：

```
facet normal ni nj nk
   outer loop
      vertex v1x v1y v1z
      vertex v2x v2y v2z
      vertex v3x v3y v3z
   endloop
endfacet
```

代码中每一个n或者v开头的变量都是以科学表示法描述的浮点数，例如"-2.648000e-002"，（注意：其中v开头的变量必须为正数）。文件以下面代码结束：

endsolid name

该格式描述的结构存在二义性（例如，面片可能不知三个节点），但在实践中，可以将所有的面片都细分为多个简单的三角形。

> **注意：** 空格除了在两个数字和单词之间外，还可被用于其他任何地方。在'facet'和'normal'命令间，或'outer'和'loop'命令间，空格是必需的。

5.2.2 STL文件的二进制格式

由于ASCII码的STL文件可能会变得非常庞大，因此二进制格式的STL文件变得很有价值。一个二进制的STL文件包含80个字符的文件头（可以存储任何内容，但不应以

"solid"开始，以避免软件解析时误以为是ASCII码文件）。文件头后面接着是4个字节的无符号整数，用来记录文件中三角面片的数量。接着是循环存储每个三角形的数据信息。在最后一个三角形信息之后是简单的文件结束标志。

每一个三角形都由12个32位浮点数来表示：三个表示法线方向，另外三个节点每个各用3个浮点数来存储*X/Y/Z*轴的坐标值，结构上同ASCII的类似。在12个浮点数之后是2个字节的无符号短整型作为属性字节计数（attribute byte count），在标准格式下记为0，因为大部分软件对该字段不进行解析。

```
UINT8[80] – Header
UINT32 – Number of triangles

foreach triangle
REAL32[3] – Normal vector
REAL32[3] – Vertex 1
REAL32[3] – Vertex 2
REAL32[3] – Vertex 3
UINT16 – Attribute byte count
end
```

5.2.3 二进制STL文件中的色彩描述

在二进制STL文件中最少有以下两种方式可用来存储色彩信息。

（1）VisCAM和SolidView软件使用每一个三角形之后2个字节长的属性字节计数（Attribute Byte Count）来存储15位的RGB色彩信息。

- 第0～4位：表示蓝色强度级别信息（值为0到31）。
- 第5～9位：表示绿色强度级别信息（值为0到31）。
- 第10～14位：表示红色强度级别信息（值为0到31）。
- 第15位：取值1表示色彩有效；取值0表示色彩无效。

（2）Materialise Magics软件描述色彩方式有些不同，它采用文件开头80个字节长度中的信息来存储整个物体的色彩信息。当需要给物体增加颜色属性时，在文件头中会存储字符串"COLOR="信息，然后紧接着是4个字节长度的色彩信息，分别表示红、绿、蓝和透明度（取值范围为0～255）。除非单个面片有重新定义，否则该色彩将作为整个物体的颜色。Magics软件还定义了打印材料以及更多物体表面特征的属性参数。在"COLOR=RGBA"定义之后便可以添加字符串"，MATERIAL="，该字符串后面接着是3个色彩信息（长度位3×4 bytes）：第一个色彩信息表示材质的漫反射；第二个指定高光；第三个是环境光。在每个三角形中的2字节色彩信息（Attribute Byte Count）也同样有效，只是定义不同，具体如下。

- 第0～4位：表示红色强度级别信息（值为0到31）。
- 第5～9位：表示绿色强度级别信息（值为0到31）。
- 第10～14位：表示蓝色强度级别信息（值为0到31）。
- 第15位：取值0表示色彩有效；取值1表示采用整个对象使用的色彩参数。

红绿蓝色彩的信息在两种不同的方案中存储的顺序是相反的，这导致文件中色彩存储的信息很容易被解析错，更麻烦的是，许多STL文件解析程序并不能自动区分这两种色彩显示方案。

 # SketchUp的使用

3D打印模型的制作软件有很多，但Google的SketchUp由于良好的可视化及直观的交互界面使得其非常适合初学者使用。并且普通版可以免费下载，大家获取也比较便捷。

5.3.1 软件初始设置

当第一次启动SketchUp时，会弹出图5-1所示的欢迎窗口。

通过该窗口，我们可以根据不同的应用，在模板（Template）下拉框选择创建工作空间的模板。例如我们选中产品设计和木工——毫米单位模板（Product Design and Woodworking-Millimeters）。在选择好模板之后，便可以点击右下角的开始按钮来创建一个新的工作空间。但在开始之前，我们可以进行一些全局设置使得绘制的模型更好地满足3D打印模型的需要。首先，可以通过窗口（Window）->模型信息（Model Info）菜单功能，来设置物体绘制单位的精确度，这点对于绘制小尺寸物体时非常有用，设置界面如图5-2所示。

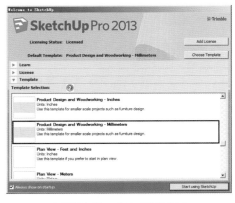

图5-1 SketchUp的开始窗口

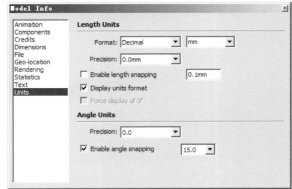

图5-2 模型信息窗口的单位选项

选择弹出窗口左侧的单位（Units）选项，设置长度单位（Length Units）下面的精度（Precision）值为0.00mm，修改完之后关闭即可。我们还可以根据需绘制模型的位置和个人习惯来设置视图选项。

5.3.2 绘制简单形状

在SketchUp中最常用到的绘制工具，便是默认工具栏中的绘图工具了，部分工具如图5-3所示。

选中矩形工具后，鼠标图标将会变成铅笔状，选定位置后点击确定矩形的起始点，然后移动光标拉动矩形到需要的形状后点击确定结束点，便如图5-4所示完成了一个矩形的绘制工作。

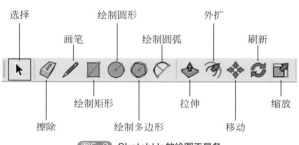

图5-3 SketchUp的绘图工具条

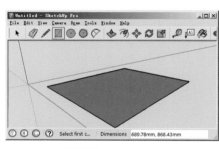

图5-4 绘制一个矩形

这里需要强调的是，在SketchUp中，很少需要点击并拖动鼠标的情况。只需要点击鼠标后，移动鼠标至下一点坐标点击确认即可。像绘制矩形操作，只需要选中绘制矩形按钮，然后在工作窗口中单击鼠标左键确定矩形第一个点后，将光标移动到矩形的对角点后再次单击鼠标即可。如果绘制的矩形尺寸不符合要求，或需要一个精确的尺寸，可以在对角点单击后，再直接输入矩形的尺寸，用逗号分隔开。例如要绘制一个500×500标准单位的矩形，只需在点击确认对角点之后，直接用键盘输入"500,500"，回车即可（这时的输入默认是在右下角的尺寸栏中），如图5-5所示。

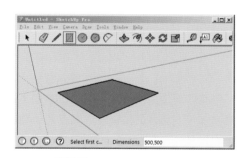

图5-5 500mm×500mm矩形

如果要在该矩形的基础上创建一个立方体，那么可以使用工具栏中的拉伸工具（Push/Pull）。先选中矩形的面，然后点击拉伸工具，在工具栏中输入200，那么便创建了一个200mm高的立方体（图5-6）。

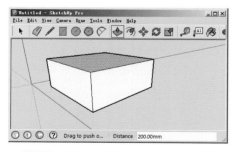

图5-6 500mm×500mm×200mm立方体

5.3.3 绘制复杂形状

在创建了上面的形状之后，我们再看看如何通过圆形和Push/Pull工具来绘制空洞。先通过圆形工具在图形上表面的中间绘制一个圆。SketchUp软件提供智能交互功能，当我们靠近关键点时，软件会帮助用户定位使操作更加简单和准确，如图5-7所示。

在找到软件智能推断的中间点后，点击鼠标确定下需绘制圆的圆心，然后向外移动鼠标确定圆的半径，到合适位置时再次点击鼠标确认，这样便在立方体的上表面绘制好了一个圆形。如果对圆的大小有准确要求，那么可以像前面说到的那样，在右下角尺寸工具栏内输入具体的值，绘制好的圆形便如图5-8所示。

目前还只是将一个二维的图形绘制在一个三维的立方体之上，要实现挖孔的操作还需要将该圆心拉伸为圆柱体才行。我们可以再次使用Push/Pull工具进行反向操作，先选中圆形表面，然后点击Push/Pull并向下拉伸，这时软件会自动对模型重叠部分作布尔运算减法操作，如图5-9所示。

要将矩形直接挖穿，可以直接在尺寸工具栏中直接输入矩形模型的高度（200mm），那么矩形将正好裁剪掉一个和它高度相同的圆柱体，如图5-10所示。

经过几个简单的操作，我们便完成了内部含有孔洞的复杂形状。通过同样的方法，可以对模型进行各种增删操作，从而得到想要的复杂模型。

5.3.4 视图操作工具

SketchUp中的导航操作非常简单，通过几个视图工具便可完全实现，图5-11是SketchUp中的视图工具条。

要选装整个工作区，可以如图5-12所示，选中旋转视图按钮后，在工作区点选工作区，然

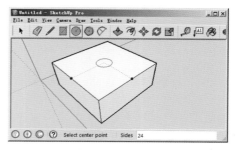

图5-7　定位圆心点

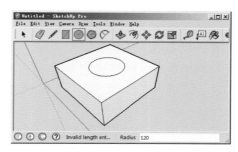

图5-8　精确绘制圆

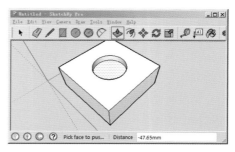

图5-9　面拉伸后进行裁剪操作

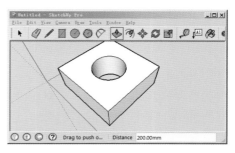

图5-10　裁剪穿透后的矩形

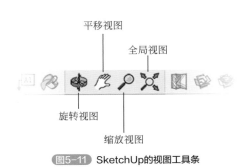

平移视图

全局视图

旋转视图

缩放视图

图5-11　SketchUp的视图工具条

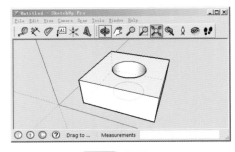

图5-12　旋转视图

后拖动鼠标进行整个视窗的旋转操作，旋转到合适角度后释放鼠标即可。亦可不点击旋转视图按钮，直接通过点击拖动鼠标中间来操作。

对视窗的缩放可以通过缩放工具或者鼠标中间滚轮直接操作（图5-13）。

视图的平移也是经常会使用到的功能，可以通过平移工具（Pan）来实现，选中工具栏中的平移工具后，在工作区拖动鼠标左键即可。也可以按住Shift键后拖动鼠标中间来实现（图5-14）。

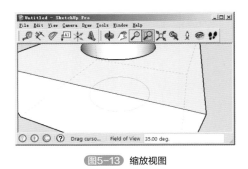

图5-13　缩放视图

图5-14　平移视图

以上就是使用SketchUp需要的绝大部分功能，让人难以置信的简单。接下来将为你展示如何使用如此简单的功能完成一个复杂的模型，如果对SketchUp的使用非常感兴趣，可以搜索其视频教程。

5.4　设计模型的后处理　>>>>>>>>>

由于相比普通的设计模型而言，3D打印对模型有更加严格的要求，除了在视觉上模型必须为一个完整的实体外，其在内在逻辑上也必须是一个整体，这些就要求我们将设计好的3D模型进行打印前，需要做一些必要的检测和修复工作。

在我们开始修复之前，需要先下载并安装两个免费软件——MeshLab和Netfabb。其中MeshLab为开源软件，可以用来打开并转换多种格式类型的文件。

另一个软件——Netfabb，其标准版也是免费的，可用以编辑STL文件。但该软件最大的特点是可以用来检测和修复模型中存在的一些错误信息。其中还包含一些针对STL的基本功能，包括分析、缩放、测量、修复等。

具体下载和安装过程这里不再赘述。软件安装好之后，先在Meshlab中打开待修复的模型。具体操作步骤如下：启动Meshlab->File菜单->Import Mesh，选择需要修复的模型将其导入，导入后界面如图5-15所示。

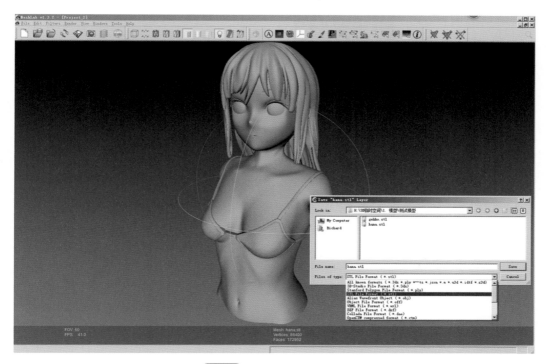

图5-15 Meshlab软件操作界面

然后将打开的文件保存为一个STL文件，具体操作步骤为：File菜单->Export Mesh（As）将模型导出，在导出对话框中的文件类型选择"STL File Format (*.stl)"，然后点击保存按钮。

这时STL文件就已经生成，接下来我们需要启动Netfabb，并通过Project->Open菜单打开刚导出的STL格式模型文件，打开后界面如图5-16所示，在这里对Netfabb的具体使用不作介绍，有兴趣的读者可以查看相关资料。

Netfabb提供非常强大的修复功能，包括自动修复和灵活的手动修复两种方式。点击菜单栏上的修复按钮可以打开修复面板，如图5-17所示。在修复面板的下半部分包括三个页面，分别是状态、行动和修复脚本。

在状态页面中列出了当前模型的检测信息，主要检查红色显示的三项：无效的取向、壳和洞，当这三项的数字不为0时，便需进行修复工作。我们可以在行动页面中看到不同的修复按钮，对应完成不同的检测和修复工作。当模型非常庞大或者修复工作非常复杂时，可以通过点选需要的按钮进行单项修复工作。最后在修复脚本页面中，我们可以看到一个下拉框和脚本列表，通过点选添加和编辑按钮，我们定制自己需要的修复脚本，之后便可以批量执行修复脚本对模型进行修复操作。

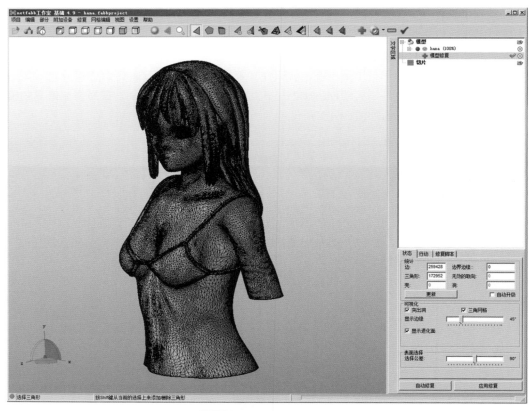

图5-16 Netfabb软件操作界面

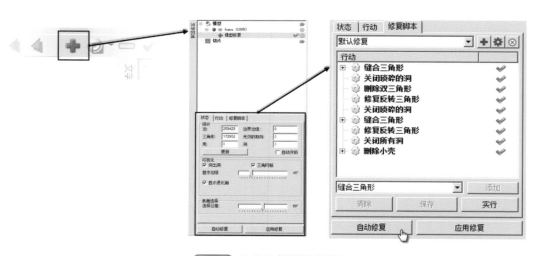

图5-17 Netfabb的修复功能界面

在默认情况下，我们只需要点选下方的自动修复按钮，Netfabb软件便可以自动完成对模型的修复工作。如果修复结果满足需要，则需要再点击右边的应用修复按钮，程序才会将修复结果保存到打开模型之中。

另外，由于不同3D打印机的性能所致，导致一些在设计软件中可以看到的细节，在实际打印时并无法进行打印，因此我们在设计时就应该对打印设备有所了解，尽量避免设计时出现小于最小尺寸的细节，以免设计和最终的打印物品不一致。

最后还需要注意一点，由于3D打印的原理是逐层制造，打印物品的摆放也对最终的打印效果以及打印效率有重要的影响。

3D模型的打印过程，是将三维体转化为二维面，再将二维面转化为一位线的逆向过程。换句话说，是先让3D打印机一条一条线打印，由打印的线组成封闭的面，然后再一层一层叠加打印，最终构成整个模型的过程。

　　要使得3D打印机能够按照模型的特征自动进行打印，就必须通过计算机将模型进行一层一层的分割，然后再将每一层进一步分解为运行的线路，从而生成对应的指令供3D打印机使用。这个分解的过程就是切片引擎工作（Slice Engine），根据配置项将3D模型切片，机器会根据切片一层层将物体打印出来。其实，切片引擎本质上来讲是一系列算法，通过该算法将三维模型转换为一组3D打印指令。

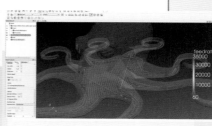

第 6 章

化体为面，化面为线
——切片引擎

6.1 切片引擎概述 >>>>>>>>>

目前，主要的3D设备生产厂家都有根据自身设备配套的切片引擎，这些软件由于往往和具体设备绑定在一起，除了设备的操作人员，其他人无法接触，因此很少被人们广泛了解和熟悉。但随着开源社区的发展壮大，许多开放式3D打印机项目相继成立，也推动了开源切片引擎软件的开发，出现了像Skeinforge和Slic3r这样一些被大家所熟知的开源项目。

6.1.1 Skeinforge

Skeinforge是第一款开源的切片引擎软件，后续出现的各种切片引擎都或多或少地继承了它的一些思想和风格。Skeinforge基于Python脚本进行开发，因此安装之前需要先安装适配版本的Python，截至目前，Skeinforge已经推出了第50个版本。

Skeinforge适用于几乎所有的3D打印机，REPRAP打印机推荐使用的也是该软件，甚至许多商业公司的控制软件也都是基于它进行封装。这不仅是因为Skeinforge具备强大的各种功能，还因为它提供了最大限度的可配置性和定制性，但这也使得它有大量的配置参数，甚至一些隐藏选项，用起来比较麻烦。虽然相比后续一些软件的人机交互而言，Skeinforge的使用已经显得非常复杂和烦琐，但如果想深入了解切片工艺的细节，该软件仍然是最佳选择。Skeinforge的操作界面如图6-1所示，其详细的安装和使用将在后续章节中进一步介绍。

6.1.2 Slic3r

Slic3r的最初版本发布于2011年，经过多年的发展和完善，已成为一款非常流行的分层工具，目前第一个正式版也快要发布（当前最新的是Slic3r 1.0.0RC1版）。底层基于Perl进行开发，具备良好的可读性和可维护性。主要功能为将数字三维模型转换为3D打印机打印指令，其最大的特点在于操作简单、功能实用，操作界面如图6-2所示。

Slic3r因为它易于使用、分层速度快、打印质量高，很快就成为流行的分层工具。虽然之前的Slic3r功能上有些不足，但增加了制冷风扇和支撑结构的功能之后，它的优势就显现了出来。Skeinforge会要求用户填写很多关于打印机、热熔丝、喷头等具体的参数，而Slic3r中很多参数都是分层工具自己算出来的，用户只需要填写少量的配置参数。

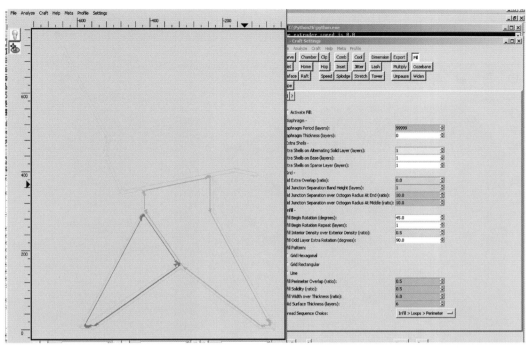

图6-1 Skeinforge应用程序界面

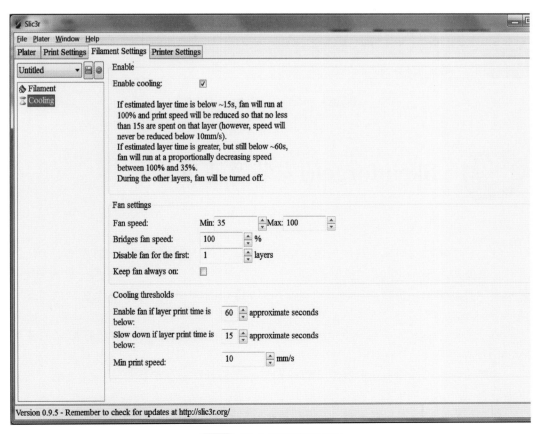

图6-2 Slic3r应用程序操作界面

Slic3r除了可以作为单独程序运行，同时还和许多流行的3D打印主控软件进行集成，如Pronterface、Repetier-Host、ReplicatorG等。图6-3便是集成在Repetier-Host中的Slic3r。

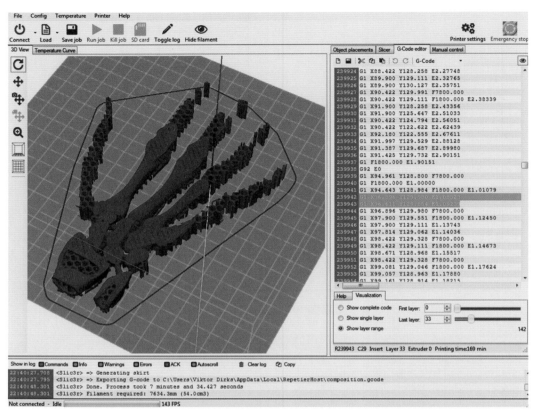

图6-3 Repetier-Host中的Slic3r页面

6.2 Skeinforge的安装及使用 >>>>>>>>

我们日常接触到的桌面打印机多为熔融挤压式3D打印机，在使用打印机打印STL模型时，需要使用Skeinforge对模型进行切片，先将模型按指定层厚分成一层一层的，然后将每层换算成喷头所需移动的路径轨迹，并用GCode命令进行描述，从而生成供打印机读取的GCode命令文件。

由于Skeinforge是使用Python语言编写，因此在安装Skeinforge之前需要先安装Python编译器来运行（图6-4）。

选择适合自己操作系统的版本下载并安装，安装过程略。安装完Python之后，便可以进行Skeinforge的安装（图6-5）。

获取到最新的版本并解压缩，最好将解压缩后的文件夹拷贝到英文路径的目录下，在windows操作系统中，可以直接双击skeinforge_application目录下的skeinforge.py文件，

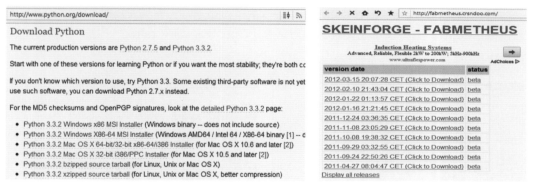

图6-4 Python的下载页面 | 图6-5 Skeinforge的下载页面

开始执行程序（图6-6）。

　　当Skeinforge启动时会开启两个窗口。首先开启的是shell窗口，如图6-7所示，该窗口将实时滚动显示后台被调用的命令、文件处理的过程、返回的错误等信息。

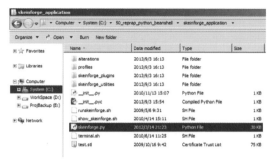

图6-6 Skeinforge下载解压缩后的内容

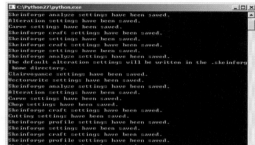

图6-7 Skeinforge后台界面

　　另一个窗口便是Skeinforge配置和执行的对话框了，如图6-8所示，该程序采用可视化窗体显示Skeinforge在进行切片处理生成GCode时的各项配置信息，各项配置项的详细介绍可以参考"6.3　详解Skeinforge常用的配置项"。

　　完成Skeinforge的安装之后，如何使用其对模型进行切片呢？一般有以下几个操作步骤。

　　（1）先在属性类型（Profile Type）中选择设备类型，熔融挤压式3D打印机属于挤出类（Extrusion）。

　　（2）接着在属性选择（Profile Selection）中选择材料类型，常用的塑料材料有ABS和PLA。

　　（3）然后点击工艺页面（Craft）。在该页面可以配置各种工艺相关的参数（像底座、填充比率、支架、层厚等），可以根据对最终打印模型的需要进行设置（图6-9）。

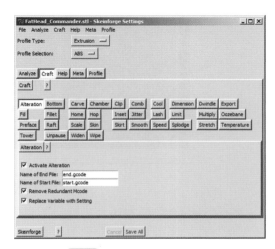

图6-8 Skeinforge应用程序界面

（4）对于一些常用的配置可以在一次修改后备份出来，当需要使用时点击页面上的工艺按钮（Craft），将弹出工艺配置文件对话框（Open File for Crafted），选择定义好的配置文件直接完成配置操作（图6-10）。

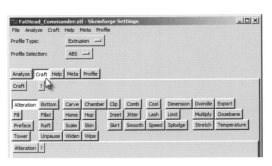

图6-9　基础配置设置

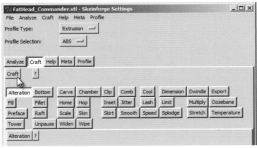

图6-10　工艺配置设置

（5）完成配置之后，便可以使用切片引擎打开模型了。点击窗口下方的Skeinforge按钮，将弹出打开文件对话框（Open File for Skeinforge），如图6-11所示，选择要打印的STL文件（注意文件所在目录不能有中文字符）。

图6-11　打开文件对话框

（6）选择文件之后，后台便根据参数设置情况进行切片处理，在Shell窗口可以看到处理的过程、进度，以及可能出现的错误（图6-12）。

图6-12　切片完成信息

（7）当后台处理完时，在打开模型文件同目录下，会生成"模型文件名_export.GCode"格式的文件，该文件内存储的便是切片引擎生成的GCode代码。同时弹出Skeinlayer窗口，用图形化的方式分层显示GCode命令执行的效果（图6-13）。

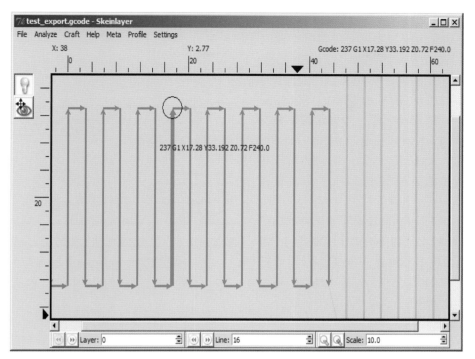

图6-13 浏览切片刀轨视图

（8）这时，刚刚生成的GCode代码文件会保存在原STL文件所在的目录下。同时，如果选中"Analyze Preferences/Statistic/Save Statistics"选项，在该目录下还将生成一个TXT格式的文件，用于存储GCode的附属信息。

提示： 如何用脚本运行Skeinforge！

如果不需要修改配置项，并只处理单个STL文件时，可以简单执行下面的命令：

```
python skeinforge.py file.stl
```

如果需要处理多个STL文件，则可以（LINUX环境下）：

```
for file in ../objects/*.stl do ; python skeinforge.stl ${file} ; done
```

 # 6.3 详解Skeinforge常用的配置项

截至目前，Skeinforge还未出现任何中文版本，对其中许多功能也缺乏权威的中文名称。同时，这些配置项还涉及非常多的技术细节，为了让读者更好地了解各项功能，我们将对关键配置页面下的各项功能逐个介绍。

由于Skeinforge具备非常高的灵活性，因此也使得设置项非常庞大和复杂，普通读者第一眼看到时很容易感觉迷茫和困惑。因此，建议大家将该部分内容的阅读同实际3D打印机的操作结合起来，以便更好地理解其中的各项内容。对于平时接触不到3D打印机的读者，可以先阅读第9～11章的内容，最好跟随本书自己动手DIY一台属于自己的3D打印机，然后根据本章节的内容，来调试和驱动自己亲手组装的3D打印机，将会更有乐趣。

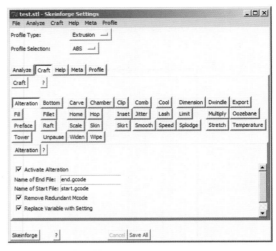

图6-14　Skeinforge的工艺页面

整个Skeinforge最重要的配置都是在工艺（Craft）页面完成的（图6-14），通过该页面的各项设置，将决定3D打印机工作的方式和工艺细节，接下来我们将为大家详细介绍工艺页面中的各个设置项。

6.3.1　变更、底面、切片及打印仓模块

6.3.1.1　Alteration（变更模块）

用于为GCode添加开始和结束文件。

Activate Alteration：激活"调整"模块的设置项。

Name of End File：默认添加到每个GCode的后面。

Name of Start File：默认添加到每个GCode的开始。

Remove Redundant Mcode：删除冗余的MCode。针对M104和M108移动命令，当多个同样的命令连续出现时，会将其无效冗余的命令行删除。

Replace Variable with Setting：根据设定替换变量。针对机器编码中使用到的变量，会用变量的值替换变量。

6.3.1.2　Bottom（底面模块）

通过该模块的设置项来为模型定义底部实体面的高度、层厚等信息。

Activate Bottom：激活"底面"模块的设置项。

Additional Height over Layer

Thickness (ratio)：扩展高度系数，针对层厚的倍数。

Altitude (mm)：定义模型底部的高度。底部切片的Z轴高度为该值加上上面的扩展高度系数乘以层高。

SVG Viewer：设置默认的SVG文件浏览器。注：Scalable Vector Graphics，可缩放适量图形，是一种使用XML描述二维图形的语言。SVG支持三种图形对象：矢量图形、栅格图像和文字。

6.3.1.3 Carve（切片模块）

该模块为定义打印机配置的最重要插件，用于将形状切片为多个SVG图层，同时也为其他工具设置层高和壁厚。

Add Layer Template to SVG：给SVG图层添加图层模板设置项。

Edge Width over Height (ratio)：相对层高的壁厚系数（比率）。

Extra Decimal Places (float)：设置计算结果的小数点精度。

Import Coarseness (ratio)：导入粗糙度（比率）。当三角网格之间存在孔洞时，切片引擎（slicer）将会使用一个算法来越过网格（mesh）中的间隙，该值越高能越过的间隙越大。能越过间隙的实际尺寸为该值乘以壁厚。

Layer Height (mm)：层高（毫米）。

Layers：图层。切片引擎对物体从下到上进行切片。如果想得到单个图层，可以设置"Layers From"为0，"Layers to"为1。这两个值之间为Python切片的范围。

● Layers From (index)：默认为0。

● Layers To (index)：默认为一个非常大的数。

Mesh type：网格类型。

● Correct Mesh：精确网格。选中后，物体的外层网格将被精确地打印出来，当出现孔洞时才调用拟合算法。

● Unproven Mesh：拟合网格。选中后，切片引擎将一开始便使用拟合算法。

SVG Viewer：设置SVG文件浏览器。

6.3.1.4 Chamber（打印仓模块）

该部分功能用于设置具备温度调节功能的打印平板。

Activate Chamber：激活"打印仓"模块的设置项。

Bed：加热床。打印平板的初始温度为"Bed Temperature"。当"Bed Temperature End Change Height"大于

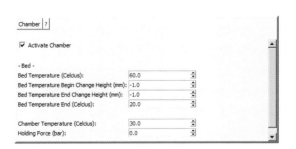

或等于"Bed Temperature Begin Change Height"的值，并且"Bed Temperature Begin Change Height"的值大于或等于0。那么打印平板将在喷头到达"Bed Temperature Begin Change Height"的值时，开始加热打印平板至喷头到达"Bed Temperature End Change Height"时，然后打印平板将一直保持在"Bed Temperature End"的温度直至打印结束。

- Bed Temperature (Celcius)：加热床使用时的控制温度（摄氏度）。
- Bed Temperature Begin Change Height (mm)：调整加热床温度的起始高度。
- Bed Temperature End Change Height (mm)：停止加热床加热的高度。
- Bed Temperature End (Celcius)：加热床暂停时的控制温度（摄氏度）。

Chamber Temperature (Celcius)：打印仓设定温度（摄氏度）。通过M141命令来进行设置。

Holding Force (bar)：通过M142命令设置机械上的吸力。对于只有开关的硬件而言，设置0为关，大于0为开。

6.3.2 夹缝、散热、尺寸及收缩模块

6.3.2.1 Clip（间隙、夹缝）

用于设定逐层循环打印边圈时的间隙，以避免成型时在循环结尾处出现凸起。

Activate Clip：激活"夹缝"模块的设置项。

Clip Over Perimeter Width (ratio)：该值设定边圈循环结尾处接缝同壁厚的比率，实际缝隙的宽度为该系数乘以壁

厚再乘以2。如果该值太大，将导致接缝处存在明显缝隙，如果值太小，则会导致循环结尾处出现凸起。

Maximum Connection Distance Over Perimeter Width (ratio)：设定边圈打印时最大接缝同壁厚的比率。

6.3.2.2 Cool（冷却、散热）

该功能对于步进电机挤出机效果很好，但对于直流电机挤出机效果则不行。可以测试当单层的打印时间小于"最小层打印时间Minimum Layer Time"时，打印喷头将在打印下一层之前等待够最小层打印时间，以便构件在该层之上的物品能足够稳固。

Activate Cool：激活"散热"模块的

设置项。

Bridge Cool(Celcius)：桥冷却（摄氏度）。当图层是一个跨层的桥结构时，散热部件将根据该项设置来降温。

Cool Type：冷却方式。

● Slow Down：减速方式。默认方式，被选中后，散热系统将通过减慢挤出机的速度，以便其每层打印时都能够达到最小层打印时间。

● Orbit：轨迹方式。被选中后，散热系统将增加运行轨迹以便每层打印时能达到最小层打印时间。

Maximum Cool (Celcius)：最大冷却值（摄氏度）。如果单层打印时间小于最小层打印时间，那么散热系统将通过"最大冷却"设置值反算的最小层打印时间来降温。

Minimum Layer time (seconds)：最小层打印时间（秒）。重要设置，表示单层打印的最小时间值。

Minimum Orbital Radius (millimeters)：最小轨道半径（毫米）。

Name of Alteration Files：变更文件的名称。

● Name of Cool End File：关闭散热文件名。默认是cool_end.GCode，将会有一个该处设置的同名文件添加在轨迹代码的结尾。

● Name of Cool Start File：开启散热文件名。默认是cool_start.GCode，将会有一个该处设置的同名文件添加在轨迹代码的开始。

Orbital Outset (millimeters)：轨迹外移距（毫米）。当轨迹散热方式被选中时，该值将发挥作用，用于描述轨迹散热时，其运动轨迹相对于层外轮廓的向外偏移量。当该值为负数时，表示向内偏移。

Turn Fan On at Beginning：开始时启动风扇。被选中后，散热系统将通过M106命令在开始打印时开启风扇。

Turn Fan Off at Ending：结束时关闭风扇。被选中后，散热系统将通过M107命令在打印结束时关闭风扇。

6.3.2.3 Dimension（尺寸、规格）

对喷头移动采用的坐标系、线材粗细等一系列规格参数进行设置。

Activate Dimension：激活"尺寸"模块的设置项。

Extrusion Distance Format Choice：挤出位置标示方式。默认采用绝对坐标方式，因为固件也采用绝对坐标，因此该方式可以避免计算。但由于相对坐标描述的值上将更小，因此固件在未来也有希望支持绝对坐标的方式。

Absolute Extrusion Distance：绝对坐标标示挤出位置。将在GCode中输出完整的挤出机移动距离信息。

Relative Extrusion Distance：相对坐标标示举出位置。将在GCode中输出挤出机相对上次位置的移动距离信息。

Extruder Retraction Speed (mm/s)：挤出机退料速度（毫米/秒）。如果挤出机能够承受，那这个值应该远大于进料速度（feed rate）。将该值设大将使退料操作不会漏掉太多的材料。

Filament：线材。

● Filament Diameter (mm)：线材直径（毫米）。

● Filament Packing Density (ratio)：线材包装密度（相对线材直径的比例系数）。一般ABS设置为0.85，因为ABS相对比较软，当挤出机的压轮咬线时会比较深，导致线材的有效直径较低。而对于像PLA等硬塑料，则有效直径更高，如果进料速度够快，其包装密度值可以接近0.97。总的来说，这个值是一个经验值，不同线材最好通过反复测试来获取。

Maximum E Value Before Reset (float)：重置前的最大E值（浮点型）。

Minimum Travel for Retraction (millimeters)：最小退料距离（毫米）。该值定义为了触发退料操作，挤出机从线尾到线头的最小移动距离。将该值设高，将意味着挤出机退料概率减少。

Retract Within Island：岛结构退料。当被选中时，在打印岛结构时将进行退料操作。

Retraction Distance (millimeters)：退料距离（毫米）。默认为0，用于定义当出现停止挤出机命令时，挤出机吸回挤出的线材的距离。通过该设置可以避免挂丝。例如，将其设置为10，那么当打印结束时挤出机将吸回10mm的线材。实际上这是不会发生的，但可以通过反复测试找到挤出机停止时不正常漏丝的细微值，从而避免挂丝。

Restart Extra Distance (millimeters)：重新加载的额外距离（毫米）。默认为0，用于定义重新加载线材时的额外加载距离。重新加载线材的距离为额外距离加上退料距离。

6.3.2.4　Dwindle（收缩）

该部分功能用于减少进料速度以及线末端的流量，以便减少移动时的泄漏。

Activate Dwindle：激活"收缩"模块的设置项。

End Rate Multiplier (ratio)：结束速度乘数。默认0.5，定义在打印最后时进料和送线的速度系数。配合合理的"Pent Up Volume"和"Slowdown Volume"，泄漏量大致和该值的平方成比例。如果该值太小，那么由于进料速度慢将导致打印速度很慢。如果该值太大，那么将仍然有材料泄漏。

Pent Up Volume (cubic millimeters)：郁结量（立方毫米）。默认$0.4mm^3$，当线材停止走动后，仍然会有一些郁结塑料流出，该参数便是为了解决这个问题。该值如果太小，将仍会泄漏，如果太大，最后打印出的材料将会比之前的更薄。

Slowdown Steps (positive integer)：减缓步骤（正整数）。默认为3。收缩功能模块用于逐步地减少进料和走线速度，以便打印的最后仍能保证大致相同的厚度。该值便是设置逐步的步骤数，步骤越多那么最后厚度的变化会越平缓，但同时会导致GCode代码和打印时间的增加。

Slowdown Volume (cubic millimeters)：减缓量（立方毫米）。默认$5mm^3$。该值用于

设定进料和走线速度开始下降时的材料体积。如果该值太小，那么将没有足够的时间去掉郁结材料，将导致材料泄漏。如果该值太大，将会多浪费时间。

6.3.3　输出、填充、圆角及主页模块

6.3.3.1　Export（输出）

用于设置输出的 GCode 文档相关属性。

Activate Export：激活"输出"模块的设置项。

Add Descriptive Extension： 添加描述性扩展名。默认关闭，如果开启， 那将会给 GCode 代码文件增加关键配置值的扩展名，例如：test.04hx06w_03fill_2cx2r_33EL. GCode。

Add Export Suffix：添加导出文件后缀。

Add Profile Extension：添加配置文件扩展名。默认关闭，如果开启，将会在 GCode 代码文件名中增加配置文件扩展名，例如：test.my_profile_name.GCode。

Add Timestamp Extension：添加时间戳扩展名。在代码文件名中添加时间戳作为扩展名，格式为：YYYYmmdd_HHMMSS（以便多个文件排序）。例如：test.my_profile_name.20110613_220113.GCode。

Also Send Output To：同时导出文件至。默认为空，可添加导出文件的名称或管道，通常用来添加一个标准输出将代码打印到屏幕。另外还常用于标准错误日志的输出。

Analyze GCode：分析 GCode。默认是打开的，选中后，生产的 GCode 将被发送给分析模块进行分析和查看。

Comment Choice：注释选项，包括：Do Not Delete Comments（导出时不删除注释）；Delete Crafting Comments（导出时删除制作相关注释）；Delete All Comments（导出时删除所有注释）。

Export Operations：导出操作。选择导出代码文件的格式。

Do Not Change Output：不修改导出。

Binary 16 Byte：使用 16 位二进制格式。

File Extension：文件扩展名。输出文件的格式为 originalname_export.extension，所以如果处理的模型名为 XYZ.stl，那么默认的输出代码文件名为 XYZ_export.GCode。

Name of Replace File：替换文件的名称。默认是 replace.csv。但导出模块进行导

出操作时，会查找该名称指定的文件，然后将遇到的关键字，逐个同替换文件中第一列的字段进行比较，如果一致，则用该关键字对应行的第二列值来替换原字段。如果第二列为空，则会删除原字段。如果第二列后面还有替换项，则会将后面的项添加在替换字段下一行。

Save Penultimate GCode：保存临时文件。默认关闭，但选中后，导出模块间会以"_penultimate.GCode"格式的后缀保存导出之前的临时文件。当导出的代码不能被正常打开查看时，该功能非常有用。

6.3.3.2 Fill（填充）

打印实体部分时不需要100%填满，而是填充相关设置，采用不同填充图案进行填充以减少打印时间、节约打印材料，同时构成一个稳定的内部支架。

Activate Fill：激活"填充"模块的设置项。

Diaphragm：隔膜板层。以每一定间隔出现的一组实心层，可以被用于实现对象填充的防水、水平隔离以及提高切变强度。

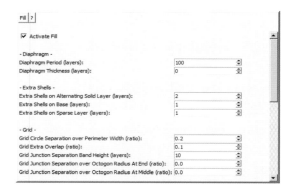

● Diaphragm Period (layers)：隔膜周期（层数）。默认为100，用于表示两个隔膜板层之间的层数。

● Diaphragm Thickness (layers)：隔膜厚度（层数）。默认为0，因为隔膜板层很少使用。该值表示该隔膜板层由几层的厚度组成。

Extra Shells：扩展壁厚。

● Extra Shells on Alternating Solid Layer (layers)：交替实体层的扩展壁厚（层数）。默认为2。

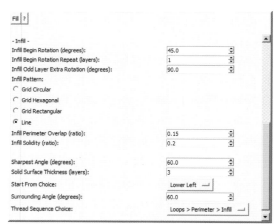

● Extra Shells on Base (layers)：底座的扩展壁厚（层数）。默认为1。额外在模型第一层轮廓内部增加打印1层边圈。

● Extra Shells on Sparse Layer (layers)：稀疏层的扩展壁厚（层数）。默认为1。额外在模型的非100%填充层轮廓内部打印1层边圈。

Grid：栅格。

● Grid Circle Separation over Perimeter Width (ratio)：环形栅格相比壁厚的比例系数。默认是0.2，定义多层壁之间的间隔，相对于壁厚的比例系数。

● Grid extra Overlap (ratio)：扩展栅格重叠的比例系数，默认是0.1。

● Grid Junction Separation Band Height (layers)：分隔带衔接栅格的高度（层数），默认为10。

Infill：填充。

- Infill Begin Rotation (degrees)：填充起始旋转角（度）。
- Infill Begin Rotation Repeat (layers)：填充起始旋转角重复层数。默认为1，定义了开始时填充重复旋转的层数。在默认填充旋转角的情况下，假如设置为1，那么逐层填充的旋转角为45°、135°、45°、135°……，如此重复。假如设置为3，那么逐层填充的旋转角为45°、45°、45°、135°、45°、45°、45°、135°……，如此重复。
- Infill Odd Layer Extra Rotation (degrees)：奇数层填充额外旋转角（度），默认为90°。
- Infill Pattern：填充图案（如下图所示）

-Grid Circular：圆形栅格。

-Grid Hexagonal：六边形栅格。

-Grid Rectangular：矩形栅格。

-Line：线形栅格。

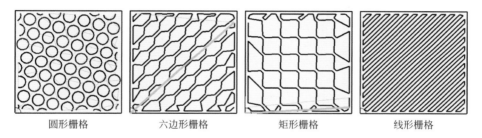

| 圆形栅格 | 六边形栅格 | 矩形栅格 | 线形栅格 |

Infill Perimeter Overlap (ratio)：轮廓重叠部分填充（比率）。

Infill Solidity (ratio)：填充密度（比率）。

Sharpest Angle (degrees)：最小锐角。默认为60°，定义一根打印路径不被拆为两个的最小角度。该值如果太小，那么挤出机将频繁启停，将降低打印速度并带来打印喷头上面更多漏丝。如果该值过大，则会导致打印路径几乎重叠，造成填充材料隆起，导致喷头拖丝。

Solid Surface Thickness (layers)：实心外层厚度（层数）。定义包括底座、顶部、平台以及悬挂等位置实心层的层数。如果设置为0，那整个对象将由稀疏填充物组成。

Start From Choice：起始位置。包括：左下方Lower left/最近位置Nearest。定义每一层路线的起始位置。

Surrounding Angle (degrees)：外围角（度）。默认为60°，定义填充外围图层扩充的角度。

Thread Sequence Choice：流程顺序选择，默认为"轮廓 -> 循环 -> 填充"。

6.3.3.3 Fillet（圆角）

用于减少尖角以及挤出机的突然加速。

Activate Fillet：激活"圆角"模块的设置项，默认关闭。

Fillet Procedure Choice：圆角处理选项。

● Arc Point：圆弧点。通过使用 GCode 点代码的方式形成圆角。

● Arc Radius：圆弧半径。通过使用 GCode 半径代码的方式形成圆角。

● Arc Segment：圆弧段。通过使用一些段组合成圆角。

● Bevel：斜角。通过斜切形成圆角。

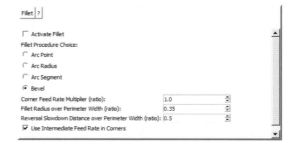

Corner Feed Rate Multiplier (ratio)：拐角进料速度乘数（系数）。默认为1.0，定义在拐角处进料速度相对正常进料速度的倍数。

Fillet Radius Over Perimeter Width (ratio)：相对轮廓宽度的圆角半径（系数）。默认为0.35，定义圆角的宽度。

Reversal Slowdown Distance over Perimeter Width (ratio)：相对轮廓宽度的反向减速距离（系数）。默认为0.5，定义打印路线折返时挤出机减速需要的距离。

Use Intermediate Feed Rate in Corners：拐角处采用平均进料速度。勾选后，拐角处的进料速度将为新旧进料速度的平均值。

6.3.3.4　Home（主页）

Active Home：激活"主页"模块的设置项。

Name of Home File：主页脚本文件名。该功能模块会在GCode代码中每一个图层的开始处，添加该文件中的脚本内容。

6.3.4　抬升、内凹、抖动及限制模块

6.3.4.1　Hop（抬升）

当喷嘴不能挤出料时，该功能模块提供提升挤出机的脚本。

Activate Hop：激活"抬升"模块的设置项。

Hop Over Layer Thickness (ratio)：相比层高的抬升高度（比例系数）。

Minimum Hop Angle (degrees)：最小抬升角度。定义挤出机上升路径的最小角度。90°意味着一出现挤出机无法挤出时，挤出机立刻垂直提升一个层厚的高度。该值越小意味着抬升路径越平缓。

6.3.4.2 Inset（内凹）

一些与填充相关的设置项。

Add Custom Code for Temperature Reading：添加读取温度命令。默认被勾选，开启后将会把读取温度的M105命令添加到文件头。

Infill in Direction of Bridge：沿桥方向填充。默认被勾选，开启后在打印有跨度的桥结构时，填充路径将沿着桥的方向，以便填充材料更好地实现桥结构。

Infill Width over Thickness (ratio)：相对层高的填充宽度（比例系数）。一般用于调整实心层的填充密度。

Loop Order Choice：循环顺序选择。默认选择上升区。

Overlap Removal Width over Perimeter Width (ratio)：外围重叠待移除宽度（比例系数）。用于定义需去除的超过外圈重叠的宽度，该值为同外围宽度的比例值。

Turn Extruder Heater Off at Shut Down：停机时关闭挤出机加热器。默认被选中，开启后将把M104 S0关闭挤出机加热器的命令添加到GCode文件结尾。

Volume Fraction (ratio)：容积率（比例系数）。

6.3.4.3 Jitter（抖动）

修改每层开始的位置以防止对象的边缘处出现脊线。

Activate Jitter：激活"抖动"模块的设置项。

Jitter Over Perimeter Width (ratio)：相比边宽的抖动宽度（比例系数）。用于定义层打印结束往下一层移动时抖动的宽度，该值为相比外围边宽的比例系数。

6.3.4.4 Limit（限制模块）

用于设置填料速度相关的限制项。

Activate Limit：激活"限制"模块的设置项。

Maximum Initial Feed Rate (mm/s)：最大初始填料速度（毫米/秒）。

6.3.5 底座、打印速度及温度模块

6.3.5.1 Raft（底座模块）

设置物品打印时需要的支撑和底座相关项，该设置对一些结构的物品打印效果会发挥重要作用，是我们日常打印时经常用到的设置项。

Activate Raft：激活"底座"模块的设置项。

Add Raft, Elevate Nozzle, Orbit：激活添加底座，抬升喷嘴，以及打印轨迹功能。选中该功能后，生成的打印脚本中将自动添加上创建底座，抬升喷嘴以及打印轨迹的相关命令，同时还会为物体增加支撑。

Base：底座设置项

● Base Feed Rate Multiplier (ratio)：底座进料速度乘数（系数）。该值越大，打印的底座将越薄。

● Base Flow Rate Multiplier (ratio)：底座流动速度乘数（系数）。该值越大，打印的底座将越厚。

● Base Infill Density (ratio)：底座填充密度（系数）。用于填充底座的密度，0.1意味着实际填充材料为整个体积的10%，取值一般为0.25～0.7。

● Base Layer Thickness over Layer Thickness：相比普通图层的底座图层厚度。用于定义底座图层的厚度，该值为其相对于普通打印图层厚度的倍数，取值一般为1.5～2。

Raft ?	
☑ Activate Raft	
☑ Add Raft, Elevate Nozzle, Orbit:	
- Base -	
Base Feed Rate Multiplier (ratio):	1.0
Base Flow Rate Multiplier (ratio):	1.0
Base Infill Density (ratio):	0.5
Base Layer Thickness over Layer Thickness:	2.0
Base Layers (integer):	1
Base Nozzle Lift over Base Layer Thickness (ratio):	0.4
☐ Initial Circling:	
Infill Overhang over Extrusion Width (ratio):	0.05
- Interface -	
Interface Feed Rate Multiplier (ratio):	1.0
Interface Flow Rate Multiplier (ratio):	1.0
Interface Infill Density (ratio):	0.5
Interface Layer Thickness over Layer Thickness:	1.0
Interface Layers (integer):	2

Raft ?	
Interface Nozzle Lift over Interface Layer Thickness (ratio):	0.45
- Name of Alteration Files -	
Name of Support End File:	support_end.gcode
Name of Support Start File:	support_start.gcode
Operating Nozzle Lift over Layer Thickness (ratio):	0.5
- Raft Size -	
Raft Additional Margin over Length (%):	1.0
Raft Margin (mm):	3.0
- Support -	
☐ Support Cross Hatch	
Support Flow Rate over Operating Flow Rate (ratio):	1.0
Support Gap over Perimeter Extrusion Width (ratio):	1.0
Support Material Choice:	None
Support Minimum Angle (degrees):	60.0

● Base Layers (integer)：底座图层数（整数）。定义底座图层的层数。一般设置为1便已足够，但有时打印板不够平整时也可以将其设置为2。

● Base Nozzle Lift over Base Layer Thickness (ratio)：相比底座层厚的喷嘴抬高距离（比例系数）。

Initial Circling：默认为关闭。当开启时，喷嘴加热器在加热到工作温度前，挤出机将沿圆形轨迹移动。

Infill Overhang over Extrusion Width (ratio)：填充悬出打印宽度的比例。

Interface：接触层。指底座同打印物品接触的那个面，通常会需要打印得非常密集，以便在其上的物品能在一个比较平整的面上进行打印。

● Interface Feed Rate Multiplier (ratio)：接触层填料速度乘数（系数）。该值越大，打印的接触层将越薄。

● Interface Flow Rate Multiplier (ratio)：接触层流动速度乘数（系数）。该值越大，打印的接触层将越厚。

● Interface Infill Density (ratio)：接触层填充密度（系数）。用于填充底座上表面的填充密度，默认为0.5。

● Interface Layer Thickness over Layer Thickness：相比普通图层的接触层图层厚

度，默认为1。

● Interface Layers (integer)：接触层图层数（整数）。定义接触层图层的层数，缺省为2。

● Interface Nozzle Lift over Interface Layer Thickness (ratio)：相对底座层厚的喷嘴抬高距离（比例系数）。

Name of Alteration Files：调整文件名称。如果切片时生成支撑，那么引擎将在Skeinforge主目录的调整文件夹下找到相应的脚本模板文件。

● Name of Support End File：支撑的结束文件名。该文件的代码将添加到生成的支撑文件尾部。

● Name of Support Start File：支撑的开始文件名。该文件的代码将添加到生成的支持文件开始处。

Operating Nozzle Lift over Layer Thickness (ratio)：相对层厚喷嘴抬高距离（系数）。

Raft Size：底座尺寸。

● Raft Additional Margin over Length (%)：相比长度的底座追加留白（百分比）。

● Raft Margin (mm)：底座留白（毫米）。该值用于定义底座比打印物品底面放大的尺寸。

Support：支撑。

● Support Cross Hatch：交叉填充支撑。被勾选后，支撑材料将会每层旋转90°交叉填充，这样做会使支撑结构更牢固但同时也更加难以去除，因此默认为关闭。

● Support Flow Rate over Operating Flow Rate (ratio)：相对操作流速的支撑流速（系数）。定义相比正常打印时挤压材料流速而言，打印支撑时挤压材料的流速比例系数。该值通常小于1，这样使得支撑会更薄，更加容易去除。

● Support Gap over Perimeter Extrusion Width (ratio)：相对周界基础的支撑间隙宽（系数）。

● Support Material Choice：支撑材料选项。包括：Empty Layers Only仅限空层打印；Everywhere悬壁处都打印；Exterior Only仅外角处打印；None不添加支撑。

● Support Minimum Angle (degrees)：支撑最小角（度）。定义能添加支撑材料的悬壁最小角度，取值从0到90，其中0表示垂直的墙，90表示水平的面。

6.3.5.2　Speed（打印移动速度）

各项零部件设备的速度设置。

Activate Speed：激活"速度"模块的设置项。

Add Flow Rate：增加流动速度。选中后，流动速度将被添加到GCode中。

Bridge：桥结构设置。

● Bridge Feed Rate Multiplier (ratio)：桥结构填料速度乘数（系数）。

● Bridge Flow Rate Multiplier (ratio)：桥结构流动速度乘数（系数）。

Speed ?	
☑ Activate Speed	
☑ Add Flow Rate:	
- Bridge -	
Bridge Feed Rate Multiplier (ratio):	1.0
Bridge Flow Rate Multiplier (ratio):	1.0
- Duty Cyle -	
Duty Cyle at Beginning (portion):	1.0
Duty Cyle at Ending (portion):	0.0
Feed Rate (mm/s):	16.0
Flow Rate Setting (float):	210.0
- Object First Layer -	
Object First Layer Feed Rate Infill Multiplier (ratio):	0.4
Object First Layer Feed Rate Perimeter Multiplier (ratio):	0.4
Object First Layer Flow Rate Infill Multiplier (ratio):	0.4
Object First Layer Flow Rate Perimeter Multiplier (ratio):	0.4

Speed ?

Orbital Feed Rate over Operating Feed Rate (ratio):	0.5
Maximum Z Feed Rate (mm/s):	1.0
- Perimeter -	
Perimeter Feed Rate Multiplier (ratio):	1.0
Perimeter Flow Rate Multiplier (ratio):	1.0
Travel Feed Rate (mm/s):	16.0

Duty Cyle：负载持续率。

● Duty Cyle at Beginning (portion)：启动时负载持续率（比例）。根据该设置，在GCode 文件开头使用M113命令设置步进马达的负载持续率。

● Duty Cyle at Ending (portion)：结束时负载持续率（比例）。根据该设置，在GCode 文件结束处使用M113命令设置步进马达的负载持续率。

Feed Rate (mm/s)：填料速度（毫米/秒）。在没有变轨的情况下，喷头沿着XY轴移动打印的速度。

Flow Rate Setting (float)：流动速度设置（浮点型）。在Skeinforge 50 版本之前，默认设置为210，表示挤出机马达转动的速度为21圈/min。在50 之后的版本该值同填料速度进行了绑定，只需设置填料速度即可。

Object First Layer：待打印物品的第一层。

● Object First Layer Feed Rate Infill Multiplier (ratio)：打印第一层填充时填料速度乘数（系数）。

● Object First Layer Feed Rate Perimeter Multiplier (ratio)：打印第一层周界时填料速度乘数（系数）。

● Object First Layer Flow Rate Infill Multiplier (ratio)：打印第一层填充时流动速度乘数（系数）。

● Object First Layer Flow Rate Perimeter Multiplier (ratio)：打印第一层周界时流动速度乘数（系数）。

Orbital Feed Rate over Operating Feed Rate (ratio)：相对操作时的轨道填料速度（系数）。轨道很短时，可以将该值设得很低。

Maximum Z Feed Rate (mm/s)：最大Z轴填料速度（毫米/秒）。该值定义了Z轴的最大移动速度，但当Limit模块有效时，该值受其相关设置限制。

Perimeter：周界。

● Perimeter Feed Rate Multiplier (ratio)：打印周界时填料速度乘数（系数）。

● Perimeter Flow Rate Multiplier (ratio)：打印周界时流动速度乘数（系数）。

Travel Feed Rate (mm/s)：空移填料速度（毫米/秒）。定义当挤出机关闭不打印时的填料速度，该值可以设置到和挤出机移动速度一样大，并且不受最大挤出速度的限制。

6.3.5.3 Temperature（温度）

设置温度控制相关的配置项。

Activate Temperature：激活"温度"模块的设置项。

Rate：散热和加热速度。

```
Temperature  ?

☑ Activate Temperature

- Rate -
Cooling Rate (Celcius/second):                              3.0          ⬍
Heating Rate (Celcius/second):                             10.0          ⬍

- Temperature -
Base Temperature (Celcius):                               200.0          ⬍
Interface Temperature (Celcius):                          200.0          ⬍
Object First Layer Infill Temperature (Celcius):          195.0          ⬍
Object First Layer Perimeter Temperature (Celcius):       220.0          ⬍
Object Next Layers Temperature (Celcius):                 230.0          ⬍
Support Layers Temperature (Celcius):                     200.0          ⬍
Supported Layers Temperature (Celcius):                   230.0          ⬍
```

● Cooling Rate (Celcius/second)：散热速度（摄氏度/秒）。

● Heating Rate (Celcius/second)：加热速度（摄氏度/秒）。

Temperature：温度。

● Base Temperature (Celcius)：底座基座打印温度（摄氏度）。缺省为200℃，针对ABS塑料。

● Interface Temperature (Celcius)：底座接触层打印温度（摄氏度）。缺省为200℃，针对ABS塑料。

● Object First Layer Infill Temperature (Celcius)：打印物品第一层填充时温度（摄氏度）。缺省为195℃，针对ABS塑料。

● Object First Layer Perimeter Temperature (Celcius)：打印物品第一层周界时温度（摄氏度）。缺省为220℃，针对ABS塑料。

● Object Next Layers Temperature (Celcius)：打印物品后续层时温度（摄氏度）。缺省为230℃，针对ABS塑料。

● Support Layers Temperature (Celcius)：打印支架图层时温度（摄氏度）。缺省为200℃，针对ABS塑料。

● Supported Layers Temperature (Celcius)：打印被支撑图层时温度（摄氏度）。缺省为230℃，针对ABS塑料。

6.4 GCode规范概述 >>>>>>>>>

GCode（G代码或G指令）在数控编程语言中非常著名，应用非常广泛。特别是在自动化领域，GCode是计算机辅助工程中的一部分，有时也被称为G程序语言。

从根本上说，GCode就是一种人们用来告诉数控机器去做什么以及怎么做的语言。这里的"怎么做"就是通过"移动目标、以什么速度移动、移动行径路线"等指令组合而成。最常用于切割工具按移动路径指令进行切割获取成品，对于非切割类工具，还被广泛用于快速成型、抛光、测量探头等工具的应用。

6.4.1 GCode应用

第一个高级数控编程语言是在20世纪50年代，由美国麻省理工学院计算机实验室开发实现的。之后几十年来，大量商业和非营利机构都提供了许多类似的语言和应用。而在这些数控编程语言和应用中都采用了GCode。当前GCode遵行的规范是由美国在20世纪60年代早期提交给电子工业协会的版本为基础，最终以1980年修订版RS274D为准。在其他国家通常采用ISO6983为标准，也有一些欧洲国家是使用其他标准，如德国的DIN66025、波兰的PN-73M-55256和PN-93/M-55251。

许多数控软件和设备厂商还纷纷在标准的基础上提出了扩展和不同的修改，因此在针对不同厂家的产品时需要注意其产品技术手册中的说明。从1970年至1990年，许多机器制造商尝试在硬件设备基础上进行标准化的工作，但收效甚微。直到CAD/CAM应用程序的发展，使其具备了针对不同设备自动导出相适应的GCode代码功能后，才使兼容性问题不再那么让人困扰。

现在，许多数控设备都使用交互式界面设计，通过交互对话的方式完成操作，向终端用户隐藏了底层GCode的使用，如西南工业的ProtoTRAK、Mazak的Mazatrol等。同时，由于其本身的一些局限性，缺乏循环、条件等程序性控制，使得GCode逐渐成为一个有限类型的语言，整个系统的逻辑由程序员采用其他语言进行开发编码完成，只在和机器通信的环节采用GCode。但这在另一方面，又使得GCode能够一直保持其简洁性，不像许多计算机语言那样复杂。

3D打印就是在计算机里通过切片引擎，将设计好的3D模型逐层切片并生成为GCode指令。然后将生成的GCode发送给3D打印机，根据指令驱动3D打印机逐层把每层的轮廓打印到工作台上叠加成为三维实体模型（图6-15 ~ 图6-17）。打印材料可以是熔融的塑料、紫外光固化树脂，或者塑料粉末、金属粉末等。

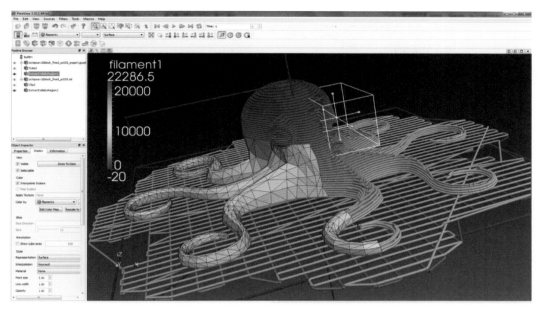

图6-15 三维模型以及拟合的切片层

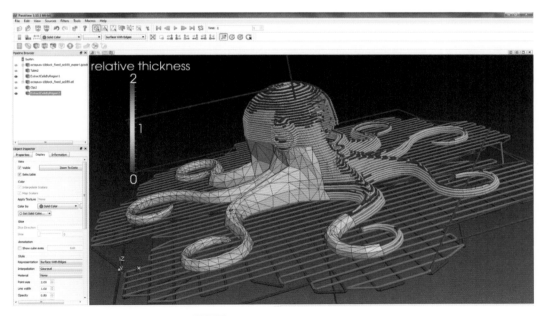

图6-16 三维模型由逐层二维打印构成

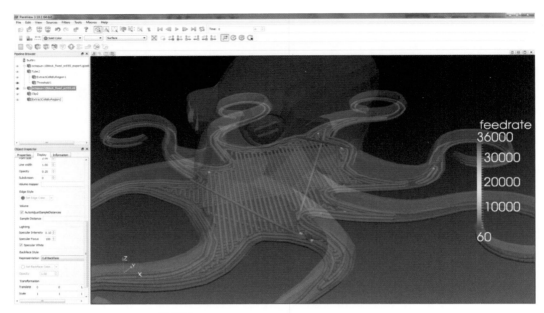

图6-17 每个打印层由多条GCode描述的打印路径组成

6.4.2 3D打印设备常用GCode编码解析

GCode包括许多以字母G开头的命令，常被用于控制机器执行特定操作。

- 快速移动（用于移动机具通过不需操作区，因此尽可能快速）
- 控制喷头沿直线或弧线出料
- 设置像位移等参数信息
- 转换坐标系

完整的GCode编码解析可以在相应网站中查看。下面是针对3D打印机（REPRAP规范）常用的GCode编码。

- G0——快速移动
- G1——按设定坐标移动
- G2——顺时针沿弧线移动
- G3——逆时针沿弧线移动
- G4——暂停，参数为时间
- G10——通过偏移量创建绝对坐标系中的相对坐标系
- G17——设定XY轴为平板（缺省设置）
- G18——设定XZ轴为平板
- G19——设定XY轴为平板
- G20——设定单位为英寸
- G21——设定单位为毫米

- G28——参考原点复位
- G30——中间点复位
- G31——单喷头
- G32——打印区域
- G53——设定绝对坐标系
- G54 ~ G59——从 G10 P0 ~ 5 中获取坐标系
- G90——使用绝对坐标定位
- G91——使用相对坐标定位
- G92——机械坐标系设定
- G94——填料速度模式
- G97——设定主轴转速

上面只列出了部分常见的 GCode 命令，通过结合设置的各种参数来完成设定的操作，常见的参数如下。

- X——X 轴绝对坐标
- Y——Y 轴绝对坐标
- Z——Z 轴绝对坐标
- A——相对 X 轴偏移或旋转值
- B——相对 Y 轴偏移或旋转值
- C——相对 Z 轴偏移或旋转值
- U——设定 U 轴（平行于 X 轴的相对轴线）
- V——设定 V 轴（平行于 Y 轴的相对轴线）
- W——设定 W 轴（平行于 Z 轴的相对轴线）
- F——设定进料速度
- S——设定轴转速
- N——设定行编号
- D——工具偏移直径/半径
- H——工具偏移长度

根据上面的介绍，在实际生成的 GCode 代码一般如下例所示。

G1 X5 Y-5 Z6 F3300.0 (以 3300.0 的速度移动到指定位置 <x，y，z>=<5，-5，6>)
G21 (设置单位为毫米)
G90 (设置坐标系为绝对坐标系)
G92 X0 Y0 Z0 (设置当前位置为原点，即 <x，y，z>=<0，0，0>)

3D打印机的控制软件有许多种，不同的3D打印设备厂商都会针对其硬件产品开发相应的控制软件，比如Stratasys公司的Object Studio软件；Z Corporation推出的ZEdit Pro；MakerBot公司的MakerWare。这些软件的功能非常类似，都用于实现对打印对象的浏览、编辑、打印等各种操作。如果将3D打印机比作生产车间、流水线的话，那么这些上位软件便承担着控制中心的角色。

在众多的控制软件中，开放程度最高、最为著名的非ReplicatorG莫属，其作为免费开源项目供大家下载使用，同时兼容多种类型打印设备。目前许多主流商业软件也都可以看到它的身影，比如MakerBot公司早期的产品就直接通过ReplicatorG进行控制调用，而后在该软件基础上开发了MakerWare。

第 **7** 章

控制中心

——ReplicatorG

获取与安装 >>>>>>>>>

由于ReplicatorG的开发过程有使用Python语言，因此在安装ReplicatorG之前需要先安装基础软件Python，同ReplicatorG一样，Python也为完全开源项目，获取只需到官方网站直接下载最新版本即可，本书下载的版本是Python-3.3.2，下载完成之后直接双击进行安装，详细的安装过程可以参照"6.2 Skeinforge的安装及使用"。

在完成基础软件Python的安装后，便可以正式开始3D打印上位软件ReplicatorG的安装了。在安装之前需要先获取ReplicatorG的安装包，由于该软件为开源软件，因此获取方式非常简单，只需到官方网站直接下载最新版本即可，本书以ReplicatorG 0040为例进行讲解。

将安装软件下载到本地后，双击安装文件启动安装程序（图7-1）。

在目标文件夹中可以修改应用程序

图7-1 ReplicatorG准备安装页面

安装保存的位置，设置好后点击"Next"，继续进行安装。这次应用程序会检查系统环境，判断对应的Python是否已经预先安装，如果未检查到需要的Python则显示图7-2左边的页面，点击对话框中间的按钮可以访问Python的下载页面进行下载操作。如果ReplicatorG需要的基础环境已经具备，则显示图7-2右侧的页面。

虽然Python也可以在之后进行安装，缺少Python并不会影响ReplicatorG的顺利安装。但由于后续安装Python时，Python的安装程序并不会检查其同ReplicatorG的版本兼容问题，为避免后续使用时出现版本问题，还是建议先安装Python，待ReplicatorG检测正常后，再点击"Install"按钮进行安装操作，安装过程如图7-3所示。

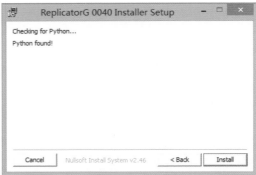

图7-2 ReplicatorG安装时对环境检测页面

待ReplicatorG应用程序安装完成后，会弹出一个新的对话框，以引导用户完成硬件驱动的安装，安装过程非常简单，只需点击弹出对话框的"下一步"即可（图7-4）。

安装完成驱动后，ReplicatorG的整个安装过程便顺利完成，直接点击"Next"，安装程序将自动关闭（图7-5）。之后我们在程序列表中便可以找到安装好的ReplicatorG应用程序了。

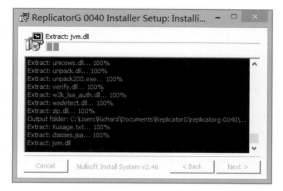

图7-3　ReplicatorG的安装过程

图7-4　弹出的硬件驱动安装对话框

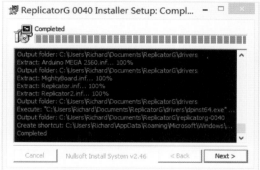

图7-5　ReplicatorG的安装界面

 ## 7.2　设置及校正机器　＞＞＞＞＞＞＞＞

完成ReplicatorG软件的安装之后，便可点击开始菜单中ReplicatorG菜单启动程序。

7.2.1　设置打印机

如果你是第一次使用ReplicatorG，你需要配置软件将打印机连接到电脑。在Machine->Machine Type(Driver)菜单中选择你的设备类型（图7-6）。如果是 Thing-O-Matic MK6型号（3mm细丝），可以选择 Thing-O-Matic w/ HBP and Extruder MK6，如果是Thing-O-Matic MK7型号（1.75细丝），可以选择 Thing-O-Matic w/ HBP and

Extruder MK7。

选择同你的机器型号一致的项，如果你的打印机不常见或不存在于该菜单中，那你或许需要手动添加一个配置项。

如果你与大多数人一样通过一个串口连接机器（比如USB-TTL数据线），那么你需要告诉ReplicatorG软件采用的串行端口号。通过"Machine->Serial Port"菜单选择合适的项（图7-7）。

串行端口的名称根据平台的不同而不同，所以选择一个合适的端口或许并不那么容易。在大部分平台中，端口名称中某部分都会包含"usb"这个词；在Windows平台上，你或许可以选择数字最大的COM端口。

一旦选定了一个端口，便可以点击在顶端工具条右边的连接按钮，ReplicatorG将开始连接机器。如果中间存在问题，那它将会大约在15秒之后超时。如果成功，状态栏将变成绿色（如果不成功则为红色，请检查USB线连接或电源是否开启），整个窗口将如图7-8所示。

查看ReplicatorG窗口顶端的按钮（图7-9）。

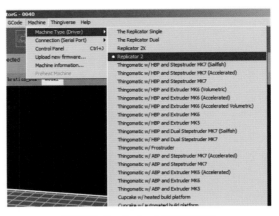

图7-6 ReplicatorG机器设置菜单

图7-7 ReplicatorG端口设置菜单

图7-8 ReplicatorG设备连接状态

图7-9 ReplicatorG工具栏

● 可以看到一个指向豆状箭头标志的按钮，该按钮为打印按钮（Build Button），点击该按钮将可以通过USB数据线进行打印操作。

● 在它的右边便是"通过SD卡打印"按钮，该功能用于生成一系列文件，通过SD卡拷贝这些文件到打印机上也可以实现打印功能。

● 第三个按钮是"打印到文件"按钮（Build to File），该按钮用于将你的GCode文件转换成一个.s3g文件并且保存它。

● 第四个按钮是上面有一个箭头，并指向一张上面有字母'g'的纸。点击该按钮将打开生产GCode代码的窗口。

● 在工具栏大概中间的位置，是暂停和停止按钮，分别用于暂停和停止打印操作。

● 有四个箭头的按钮将用于打开ReplicatorG软件的控制面板，通过该面板可以控制机器的不同部件。

● 可以通过点击下一个按钮，也就是两个圆形箭头的按钮来重启机器。最后两个按钮用于连接和断开机器。

7.2.2 校正打印头

选择 File->Scripts->calibration->Thing-O-Maticcalibration.GCode（图7-10）。

然后点击打印按钮，根据弹出框提示说明对打印头进行校正，校正方法如下。

（1）平移X方向使得打印头在X轴的正中（即台面X方向中心）。

（2）平移Y方向使得打印头在Y轴的正中（即台面Y方向中心）。

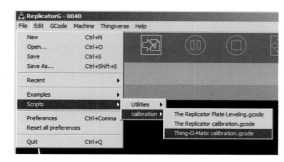

图7-10 ReplicatorG脚本菜单

（3）转动Z轴螺杆，往下移动打印头使得打印头贴到构建平台（之间只保持一张A4纸张的厚度）校正完成，请点击确认对话框。Thing-O-Matic将会自动归位，完成后将会弹出校正完成对话框界面。

 ## 7.3 通过STL文件进行打印 >>>>>>>>

在ReplicatorG 0017及之后的版本中，你可以导入STL文件并且在ReplicatorG中直接将其打印。首先，需要找到一个STL文件。在Thingiverse网站上便有许多适合打印的模型。

通过选择"File->Open"菜单项打开 STL 文件，点击后将弹出一个打开文件对话框（图7-11），选择你想要打印的STL文件。

选择了STL文件之后，可以看到选中的3D模型显示出来（图7-12）。

模型被显示在一个立方盒中，该立方盒表示打印机的有效打印空间（能够打印的最大尺寸）。可以通过直观的比

图7-11 打开文件对话框

较大致判断最后打印出物品的大小和机器是否能够打印出当前尺寸的物品。

可以通过右侧工具栏的按钮，然后用鼠标去旋转和缩放视图（图7-13）。

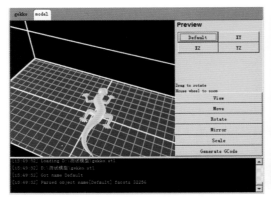

图7-12 导入模型后系统界面

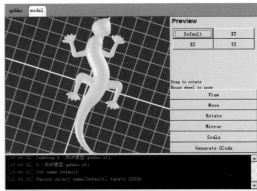

图7-13 缩放视图

注意： 这只是改变视图，并没有改变物品的实际位置和尺寸。

7.4 操作3D模型 >>>>>>>>>

在Preview（预览视图）中，可以缩放、旋转或选择"XY"来查看视图。

警告： ReplicatorG对修改进行保存时默认会覆盖源文件！如果需要保存一个未修改的初始版本，可以在修改前先拷贝一个备份。

这一只蜥蜴是不错，但我们希望将它做得更大一点。首先，我们点击在视图面板中的"XY"视图按钮，以便对象能如图7-14所示。

接下来，我们需要缩放对象。点击工具栏底下的"缩放Scale"按钮，然后在预览窗口点击并拖动鼠标直至对象被缩放到合适的尺寸。也可以通过倍数放大，比如0.5将缩小一半，2将放大一倍。又或者使用"Fill Build Space!"按钮把对象放大到机器所能打印的最大尺寸。

如图7-15所示，该对象的尺寸超出了打印平板的范围，所以我们想要旋转它。首先，点击工具条上的"Rotate"按钮，然后勾选如图7-16所示的"Rotate around Z"多选框。

这将保证对象只围绕Z轴旋转，现在可以在预览视图中点击并拖动鼠标将对象旋转到正确的角度。

也可以不勾选"沿Z轴旋转"，然后将物体按三个轴自由旋转，或者通过各个轴的按钮使得对象沿单独的轴90°递加旋转。例如，如果目标对象底部不是最平整的边，那么可以旋转到不同的边朝下。然后使用"Lay flat"按钮使得对象与打印平台尽可能紧密，以便打印出的物品能很好地固定在平板上（图7-17）。

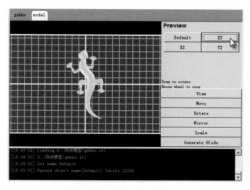

图7-14 特定视图显示模型

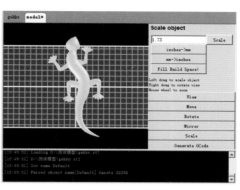

图7-15 按比例缩放模型

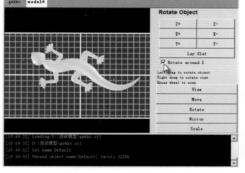

图7-16 沿特定轴缩放模型

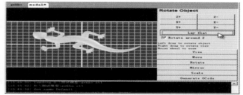

图7-17 将模型放平到打印台上

有时对象可能没有处于打印平板的中心位置，或者悬空或者低于平板。在图7-18中，这只蜥蜴斜着一个角度使得尾巴穿过了平板。

进入"Move"视图，点击"Center"和"Put on platform"按钮（图7-19）。将对象放到平板中间并且让其底部置于平板上面。也可以使用轴按钮沿打印盒各轴方向步进移动对象。

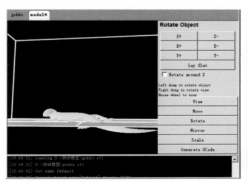

图7-18 模型编辑后超出打印范围

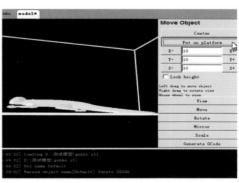

图7-19 移动模型

在生成打印路径之前，可以点击"保存"按钮保存对象，但如果不记得，那么点击"Generate Toolpath"按钮时，将弹出图7-20所示对话框提醒保存。

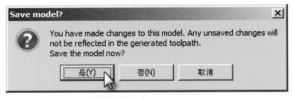

图7-20 保存对话框

7.5 生成打印路径 >>>>>>>>>

接下来，需要生成打印路径——描述挤出机为打印物品所需要移动的轨迹方向。这些指令目前是通过被称为GCode的命令格式描述，在打印之前模型必须先被转换为GCode指令。

我们通常使用Skeinforge插件来将模型转换为GCode。Skeinforge插件非常强大，同时使用起来也非常困难。为了简便，ReplicatorG将Skeinforge直接整合了进来，现在生成打印路径时只需要点击右下方的"Generate GCode"按钮（图7-21）。

通过下拉菜单选择一个配置文件。试着找到一个同机器和使用材料最贴切的项，然后就可以点击下方的"Generate GCode"按钮直接生成打印路径，也可以先调整设置（比如是否需要底座或支架，是否想使用Print-O-Matic设置更多的细节）。

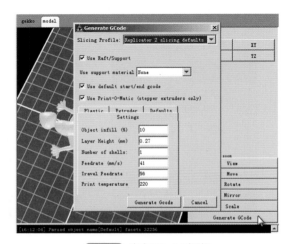

图7-21 生成GCode对话框

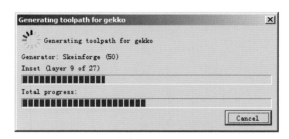

图7-22 Skeinforge对模型切片生成GCode

注意： Skeinforge程序是一个大计算量程序，对于复杂模型需要花费数分钟来生成打印轨迹toolpath。处理过程将出现如图7-22所示的进度框，如果花费时间太长，可以点击"取消"按钮来中止运算。

当打印轨迹生成完成后，对话框将消失，并且将在模型上方看到一个"GCode"标签页面（图7-23）。那么就可以开始打印了。可以在打印之前点击"GCode"标签查看生成的GCode代码。

现在可以点击图7-24所示的"Build"按钮，让机器开始打印。在开始打印之前确认机器一切正常——有时需要对机器做一些校准设置，可以很好地提高打印效果。

图7-23 查看GCode代码

图7-24 打印工具栏

> **提示：** 如果已经有了一个想要打印的GCode文件，那么只需直接将其导入然后点击打印便可。

7.6 编辑配置项 >>>>>>>>

在第6章我们对切片引擎，特别是Skeinforge已经有了一个非常详细的介绍，接下来我们再简单看一下这些功能在ReplicatorG中是如何配置使用的。

7.6.1 Skeinforge配置介绍

一些用户希望针对其机器的具体情况调整Skeinforge配置，或者创建一个新的配置文件。则可以通过选择GCode菜单下面的"Edit Slicing Profiles"功能来实现。

将弹出一个如图7-25所示的编辑配置文件（Edit Profiles）对话框，可以通过选择已经存在的配置文件然后点击"Edit…"按钮来对其拷贝进行修改，以便编辑时不会丢失原始数据。

当编辑一个Skeinforge配置文件时，将显示Skeinforge配置界面（图7-26）。无论做了哪些修改，新的设置都将以不同的配置文件保存在不同的目录中，这将不会影响电脑中已存在的其他Skeinforge配置文件。

对于Windows用户，有时Skeinforge完成编辑配置文件后会出错，在关闭Skeinforge配置编辑窗口时ReplicatorG会失去响应。如果发现这一情况，可以通过File->Preferences（Ctrl+，）菜单设置"Skeinforge timeout"。该设置用于指定等候多少秒之后便假定Skeinforge返回失败。例如将它设置为60，那么将导致一分钟之后ReplicatorG将激活。在Skeinforge中所做的任何修改仍将保存并被用于生成GCode中。

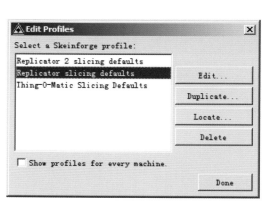

图7-25 配置项编辑对话框

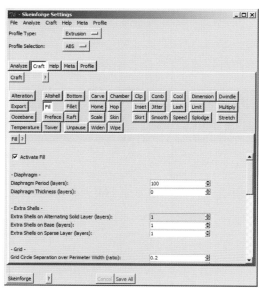

图7-26 Skeinforge设置对话框

> **提示：** 关于Skeinforge配置项的详细介绍，烦请参阅"第6章 化体为面，化面为线——切片引擎"。

7.6.2 Print-O-Matic配置介绍

在ReplicatorG最新的版本里面，都整合了Print-O-Matic模块用于提供针对Skeinforge的简化界面。该模块针对选择的配置文件模板提供一定数量的设置项。

7.6.2.1 使用Print-O-Matic

Print-O-Matic的使用非常简单。首先，选中一个合适的Skeinforge配置文件。如果没有找到针对3D打印机的合适配置文件，那么可以选中GCode->GCode Generator菜单（图7-27）。如果你使用MakerBot Replicator，那么可以设置为'Skeinforge (50)'。对于更老款的打印机，可以设置为'Skeinforge (35)'。下面的页面是Skeinforge（47）和

Skeinforge（50）的设置页面，但是与Skeinforge（35）的设置也非常相似。

选择完GCode生成器后，便可以点击针对该切片引擎来设置Print-O-Matic，点击GCode->Generate GCode菜单，便会弹出生成GCode对话框（Generate GCode），如图7-28所示窗口的下半部分。通过取消选择"Use Print-O-Matic"可以使Print-O-Matic无效并隐藏配置项。但使用Print-O-Matic是自定义打印设置最简便的方式。

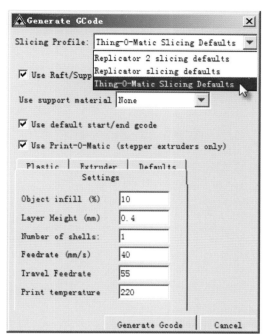

图7-27 ReplicatorG中GCode切片引擎设置菜单

图7-28 生成GCode对话框

7.6.2.2 Print-O-Matic菜单

Print-O-Matic菜单如图7-29所示，包括四个标签：Settings（设置）、Plastic（塑料）、Extruder（挤出机）以及Defaults（缺省）。缺省的挤出机设置应该是正确的，塑料的缺省设置可能也是对的，但需要确认其类型以及口径规格是否正确。

设置标签页（Settings）中你可以测试不同的配置。

● 对象填充（Object Infill）：标明打印对象的密度。100%的填充将使得打印对象完全实心，而0%将使其完全中空。

● 层高（Layer Height）：完全就像其字面含义一样：标明打印时每一层的厚度。默认是0.3mm，但如果你希望更丰富的细节可以试着设为0.1mm。

● 壁层数（Number of shells）：与其外包结构相关——当机器逐层打

Settings	Plastic	Extruder	Defaults
Object infill (%)			10
Layer Height (mm)			.27
Number of shells:			1
Feedrate (mm/s)			80
Travel Feedrate			150
Print temperature			230

图7-29 Print-O-Matic简化后的设置页面

图7-30 导入和恢复设置页面

印时在填充之前其周界的厚度。每一个模型都是从一层壁壳开始的，在Print-O-Matic处设置的数值将表示机器打印时将外加几层壁壳。如果这里输入2，那么对象将打印3层同轴的边圈。这些壁壳是同中心的，这样可以使得在不改变模型表面的前提下使其更加坚固。

● 进料速度（Feedrate）：用于设置机器挤出塑料时的机器移动速度，对应的"行进进料速度（Travel Feedrate）"为没有挤出塑料时的移动速度。默认设置适合新手，但也可以改小一点来测试。

如何设置填充和壁厚取决于需要打印对象的强度。熟悉之后可以测试不同的层高和进料速度。这两项设置会对打印质量带来巨大的影响，所以可以试试不同的组合。还可以通过缺省标签恢复到配置文件的缺省设置——可以选择加速的或者常规的默认配置项（图7-30）。

当你完成设置后，点击"Generate GCode"按钮将开始后续的自动处理。

7.6.2.3　Print-O-Matic可以做什么

Print-O-Matic通过重写一些Skeinforge中的设置来发挥作用。这些设置（像层厚和填充率）直接从Print-O-Matic上设置的值读取。其他的（像流速）需要通过输入的值计算而来。Print-O-Matic基本的思路是这样的：当塑料被喷嘴喷出时，各个方向轴应该以同样的速度移动，这一方式在实现打印的速度和大跨度的几何体之间进行了折中。Print-O-Matic并不像Skeinforge那样允许大量的直接调整干预，但它相比而言更加简单和便于使用。

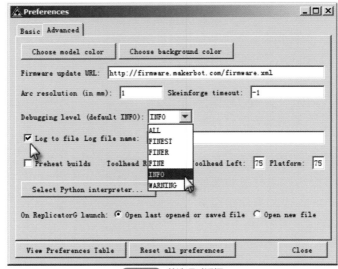

图7-31 首选项对话框

如果想看到在Print-O-Matic创建的配置转换到Skeinforge后的值，可以在ReplicatorG下首选项（Preferences）菜单中打开图7-31所示首选项对话框。

　　勾选"Log to File"选项，并且在右边的文本框中输入名字。这个文件将被保存在ReplicatorG应用程序的同名文件夹下。设置日志详细程度为"INFO"。现在当你生成GCode代码时，编译模块将在ReplicatorG应用程序的底部窗口显示Print-O-Matic产生的信息（图7-32）。

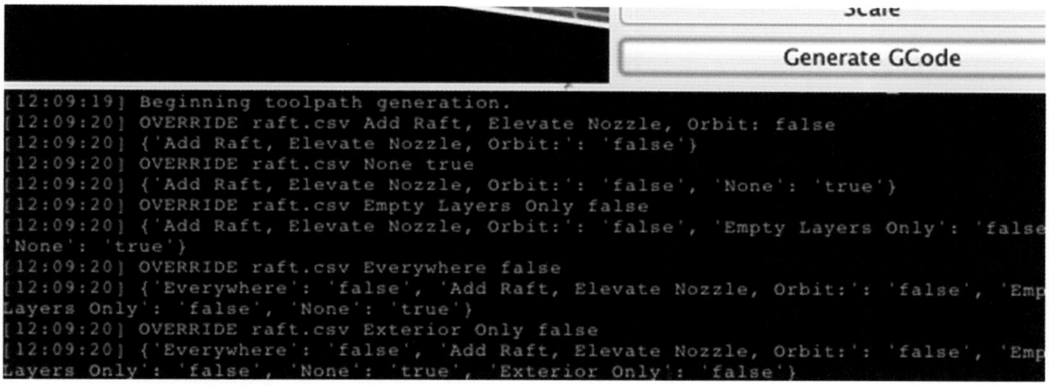

図7-32　打印日志窗口

7.6.3　配置文件路径

　　Skeinforge的配置文件被存放在不同的目录中。ReplicatorG附带的配置文件存放路径为：

```
replicatorg/skein_engines/skeinforge-[VER]/skeinforge_application/profiles
replicatorg/skein_engines/skeinforge-[VER]/skeinforge_application/profiles-experimental
```

　　复制的配置文件被保存在主目录，在不同ReplicatorG版本中可以看到。详细目录取决于操作系统：

```
Windows - /Users/[USERNAME]/.replicatorg/sf_[VER]_profiles/
```

REPRAP开源项目最初是由英国巴斯大学（University of Bath）的艾德里安·鲍耶尔（Adrian Bowyer）等人所发起，主要目的是希望能够独立设计和制作出一款面向所有普通用户的3D打印机。据项目创始人鲍耶尔所说，最初创建这个项目的动力是为了一个很科幻的目标——实现机器的自我复制。当然，针对的还只是机械零件部分，这也正是项目名称的由来，REPRAP全称为Replicating Rapid-prototyper，即快速复制原型。该项目一直保持完全开源，任何人都可以到项目网站上下载设计资料，包括电路图与机械设计图，以及软件的源代码。

REPRAP现在能用的版本主要有4个，最早开始的是代号为"达尔文（Darwin）"的项目，第二个版本则被称为"孟德尔（Mendel）"，后来又相继出现升级版的"普鲁士·孟德尔（Prusa Mendel）"和"赫胥黎（Huxley）"，这4个版本目前都已经正式发布，相关的资料也都可以下载。虽然版本不少，但不同版本的REPRAP项目其工作原理基本是一样的，都是采用熔融挤压式FDM原理，先把原料加热，然后一层一层地涂抹、冷却固化后形成需要的物体。

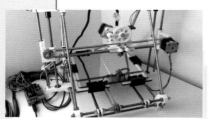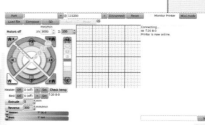

第 8 章

硬件架构
——REPRAP

REPRAP项目概述

>>>>>>>>>

　　REPRAP项目最初始的目标是希望能够搭建一台具备完全实现自我复制能力的设备，以便任何使用者都可以以最少的成本，获取最原始、最基础的生产制造能力。然后在这一基础之上，实现任何使用者都可以根据各自的不同需求，随时快速地制造出需要的各种物品。

　　这里需要强调一下的是，图8-1为2012年的统计数据。而2013年之后，整个3D打印产业开始进入高速发展和整合阶段，Stratasys公司已经先后完成了对Object和MakerBot公司的收购，而另一大行业巨头3D Systems公司也收购了历史悠久的ZCorp公司。合计占市场份额三分之一强的三家公司都已先后被收购，由此也可以看出大量资本正在进入3D打印行业，该行业也正在向着兼并聚合的方向高速发展。

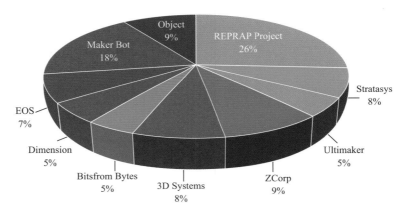

图8-1　3D打印机市场占有率调查（数据源自3D打印社区的调查问卷）

　　得益于项目完全开源的原因，REPRAP的市场占用率一直是最高的，并且该项目最初的设想也是希望通过自我复制特性，实现快速传播。这样将有利于新型制造、生产模式的快速变革，使得现今从工厂生产制造专利产品的集中生产模式，演变为个人独立完成生产制造的非专利产品模式。同时，完全开放的个人产品生产制造模式，也将大大降低产品的生产周期、缩短产业链，并最大限度支持产品设计的创新和多样性。一个全民制造的新时代正随着3D打印设备的普及而缓缓拉开，每个人都将拥有制造能力，同时又为每个人的需求而独立制造。

　　从2005年创建至今，REPRAP项目已经先后发布了四个版本的3D打印机设计方案，分别是2007年3月发布的"达尔文"（Darwin），2009年10月发布"孟德尔"（Mendel），以及在2010年发布的"普鲁士·孟德尔"（Prusa Mendel）和"赫胥黎"（Huxley）（图8-2～图8-5）。开发设计人员之所以全部都采用著名生物学家们的名字来命名项目方案，正是因为"REPRAP思想的本质就是复制和进化"。这些设计方案的所有信息都向所有人完全开放，从软件到硬件各种资料都是免费和开源的，都遵循自由软件协议（GNU）和通用公共许可证（GPL）。

由于3D打印机发展成熟后将可以具备自我复制的能力，能够完成自身部件的打印制造，从而组装成新的3D打印机。在这样的情况下，只需花费非常低廉的成本便可以将其传播给需要的每个人和地区。并通过互联网实现设备互联，从而实现复杂产品的协同制造，而不需要昂贵的工业设施。创建者们希望凭借3D打印的自我复制特性，帮助REPRAP项目实现生物进化一般的发展扩张，并在数量上实现指数倍的增长。

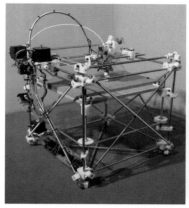

图8-2　REPRAP 1.0版——达尔文（Darwin）

图8-3　REPRAP 2.0版——孟德尔（Mendel）

作为一个开放源码的项目，REPRAP也一直都在鼓励更多的演化改进，允许尽可能多的衍生版本存在，以及不同行业的参与者自由地进行修改和替换。但从目前所有的版本来看，还是有很多的共同特征，例如基本平台都是采用安装在一个计算机控制下的笛卡尔坐标XYZ平台，平台框架都是采用金属结构物与打印出的塑料连接部件来构造。并且所有三个轴都是通过步进电机来驱动，并且在X轴和Y轴都是通过一个驱动皮带，Z轴通过螺纹杆驱动等一系列共同特征。

虽然有众多各不相同的机械部件，但REPRAP打印机的核心始终是喷嘴挤出头套件。早期的版本挤出机多采用直流电动马达来推送塑料丝原料，使它进入加热管然后通过喷嘴喷出。但设计人员在随后的工作实践中发现直流电动马达会带来巨大的惯性，导致难以快

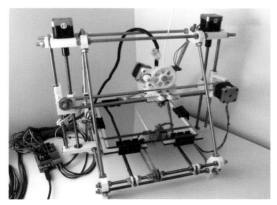

图8-4　REPRAP升级版——普鲁士·孟德尔（Prusa Mendel）

图8-5　REPRAP升级版——赫胥黎（Huxley）

速地启动或停止，进而造成无法精确控制喷嘴吐丝等问题。因此，在后续的版本中，都改用了步进马达（直驱或减速）来推送原料，而夹持原料丝的结构也修改为摩擦滚轴的方式。

在电子部件方面，REPRAP系列都是基于当前非常流行的Arduino平台及其衍生版本，这些平台也属于开源项目，允许使用者直接对源代码进行修改。目前最新版本的设计方案，使用的是Arduino衍生版——Sanguino的主板。一般不同的平台设计都会采用不同的喷嘴挤出套件，以及配套的控制和驱动器。

8.2　REPRAP典型架构设计　>>>>>>>>>

由于REPRAP很多部件都是由塑料制成的，而它同时又可以自由地打印制造出各式各样的塑料部件，所以REPRAP在一定程度上可以实现自我复制。这也意味着，当有了一台REPRAP之后，就可以在打印很多有用物件的同时，为朋友再打印出另一部REPRAP的塑料部件，如此循环下去。

8.2.1　机械框架

由于REPRAP项目包含多个风格迥异的版本，不同版本的硬件框架都不相同，但内在的思想和逻辑是一致的。因此我们以使用范围最广的Prusa Mendel为例，来给大家简单介绍典型3D打印机的硬件架构。Prusa第三代是由REPRAP核心团队Prusajr所设计的最新的3D打印机之一，它参考和借鉴了前两代的Prusa和其他REPRAP打印机。

关于Prusa i3的框架，主要有2种——单片型框架和盒子型框架。其中，单片型框架需要有激光切割机或其他类似工具来制造，在具体实现时有2种方案，分别是用铝制作的框架和用三角板制作的框架，两者都需要6mm及以上厚度的板材。盒子型框架则相对更容易制作，可以通过其他FDM 3D打印机直接打印，或者通过一些简易木工工具制作，所有需要的支架连接件如图8-6所示。我们将在第9章和第10章中详细介绍的DIY 3D打印机，采用的也是该架构。

无论是单片型框架，还是盒子型框架，其Y轴部分都同Prusa i2（Prusa i3的上一代设计）是类似的。电子器件上也都一样，采用5个步进马达（其中1个用在挤出机上，1个用在X轴，1个用在Y轴，2个用在Z轴，如图8-7所示）。

对于控制器部分，Prusa i3主要有以下4点要求。

（1）同时支持4个步进马达（Z轴的两个马达是串联的，故只需支持4个即可）。

（2）支持1个热敏电阻输入。

（3）支持1个加热器（挤出机的加热电阻）输出。

（4）另一对热敏电阻和加热电阻，这是为热床（heated bed）准备的。

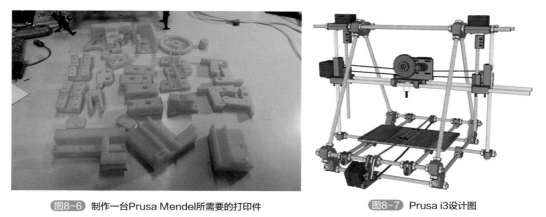

| 图8-6 | 制作一台Prusa Mendel所需要的打印件 | | 图8-7 | Prusa i3设计图 |

只要符合以上4点要求的控制器都可以拿来使用，大家可以根据喜好来选择，甚至将自己手头上其他用途的板子进行修改使用。

8.2.2　电子部件

REPRAP各个项目的机械框架虽然大不相同，但各项目采用的机电架构却几乎是一致的，所用到的主要模块都如图8-8所示。

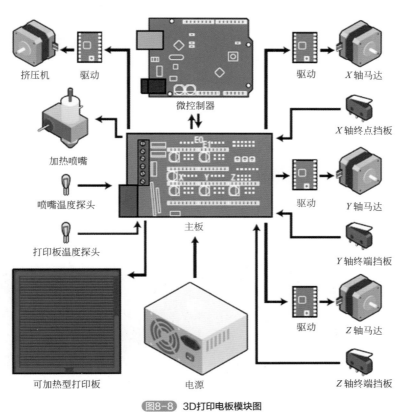

图8-8　3D打印电板模块图

REPRAP机电部分所用到的模块大部分是通用电子部件，如电动马达、加热喷嘴、电源等。唯一比较特殊的部件便是3D打印的"大脑"——主板和微处理器构成的控制器，这部分技术比较复杂、门槛较高，一般DIY玩家很难自行改装，但好在该部分模块也已经有了许多成熟的开源项目支持，目前应用最为广泛的有Melzi、Teensylu、STB_Electronics等。其中，Melzi是基于Arduino Leonardo开发的以量产为目的的一体化3D打印机控制板，作为开源项目，硬件原理图和固件源代码都可以自由下载，有兴趣的读者可以查看其开源网站。目前，Melzi的软硬件已经全部开放，对于较专业的DIY玩家，还可以基于原版资料进行进一步升级扩展（图8-9）。

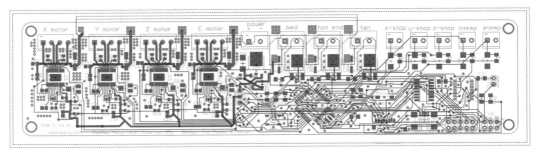

图8-9 开源主板项目Melzi的设计图

现在国内已经有许多厂商根据Melzi开源的设计来生成其控制板，大家在淘宝上便可以找到。有了这些基础部件的支持，我们便可以抛开调试电路的烦恼，专注于整个系统的开发和创意的实现。除了REPRAP 3D打印机外，Melzi还可以为其他用途提供支持，包括激光雕刻机、三轴定位平台、机器人等设备。

Melzi主板的主要电子部件如下。

（1）处理器：ATMEGA1284P。

（2）全部螺丝拧紧式接插件（不需要焊接）。

（3）TF卡插槽，用于读取G代码文件。

（4）Mini USB接口。

（5）4组A4982步进电机驱动。

（6）3组MOSFET用于驱动挤出头、热床、风扇。

主板的整体尺寸为210mm×50mm×17mm，重量约70g。并且在板子右下角还有若干扩展口，分别为1路SPI、1路I2C、1路串口、4个A/D口。可以用这几个口扩展出更为强大的功能，实体图如图8-10所示。

图8-10 开源主板Melzi的实体照片

8.2.3 配套软件

除了提供廉价、简单的硬件设计外，REPRAP项目还旨在打造一个完整的解决方案，不仅包含硬件设计，还包括对应的开源软件项目。REPRAP相关的软件包括许多，按用途不同，大致可以分为两类——用于3D建模的计算机辅助设计系统（CAD）和用于指令转换的驱动和计算机辅助制造系统（CAM）❶。

其中，在第5章中我们已经对业界比较著名的CAD软件做过介绍，但这些软件都并非开源软件，对于希望能够进行二次深度开发的用户，REPRAP还推荐一系列开源CAD软件，包括Blender、FreeCAD、PythonOCC、OpenSCAD等❷。由于CAD软件只须提供符合标准、可供打印的设计文件即可，因此REPRAP项目并未启动专项CAD软件的开发计划，通用的CAD软件便已完全能够满足需要。

而CAM软件则必须考虑应用和设备的特性，为此开源社区也启动了多个相关软件项目，如ReplicatorG、Printrun、REPRAP Host等。其中ReplicatorG软件在第7章中已经详细介绍，这里不再赘述。Printrun相对ReplicatorG而言，则属于一款简单得多的软件，界面如图8-11所示，有兴趣的读者可以在相应网站上查看详细介绍。

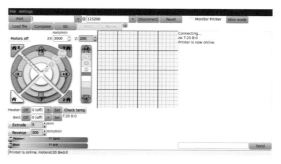

图8-11 Printrun软件界面

但最原生态支持REPRAP设备的CAM软件还要算REPRAP Host了，该软件为REPRAP领导开发人员Adrian Bowyer用Java语言编写而成，操作界面如图8-12和图8-13所示。

该软件的使用非常简单，对打印机的操作非常直接，只需进入"Extruder0"页面，在"Target temperature"内设定预热温度，并按"Switch heat on"便可执行喷嘴加热操作。这里需要注意的一点是，控制台上设定的值，对由Skeinforge软件生成的GCode打印文件不会起作用，该数值只会对打印机由控制台控制时发挥作用。

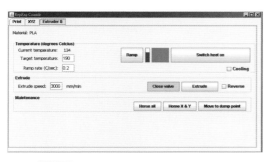

图8-12 REPRAP Host软件挤出头设置界面

图8-13 REPRAP Host软件打印界面

---

❶ REPRAP包含两种不同的CAM工具链：一类是指令转换类，典型的是Skeinforge等切片引擎；另一类是控制软件，典型的是ReplicatorG等上位软件。

❷ 各项软件的详细情况大家可以在REPRAP项目官网上找到。

完成挤出头预热及填料程序后，便可以到"Print"菜单，按"Load GCode"导入需打印的 GCode 文档，然后按"Print"按钮后便可开始打印。

MCode规范概述 >>>>>>>>>

除了前面和大家介绍的 GCode 之外，REPRAP 和 ReplicatorG 还支持 MCode 的使用。MCode 从结构上和 GCode 高度相似，由字母'M'和整数组成❶。在使用方式上，MCode 和 GCode 也非常相似，甚至可以将这两种指令同时用在一个文件中。

（这段代码用于实现在日志文件中记录喷头温度）
M310
M312（开始记录日志）
M104 S225 T0（设置喷头温度）
G04 P5000（延迟时间为5秒）
M104 S0 T0
M312（结束记录日志）
M311

下面是部分常用的标准 MCode，在许多数控设备中大家都会遇到，目前 ReplicatorG 支持的绝大部分 3D 打印设备也都能解析以下 MCode。

- M00——程序暂停，可以按"启动"加工继续执行
- M01——程序有条件停止
- M02——程序结束，在程序的最后一段被写入
- M03——主轴顺时针转
- M04——主轴逆时针转
- M05——主轴停
- M06——更换刀具：机床数据有效时用 M6 直接更换刀具，其他情况下直接用 T 指令进行
- M07——2号冷却液开
- M08——1号冷却液开
- M09——冷却液关闭
- M10——加紧（滑座、工件、夹具、主轴等）
- M11——松开（滑座、工件、夹具、主轴等）
- M12——不指定（即在将来修订标准时，可能对它规定功能）
- M13——主轴顺时针方向（运转）及冷却液打开
- M14——主轴逆时针方向（运转）及冷却液打开
- M15——正运动
- M16——负运动
- M17 ~ M18——不指定（即在将来修订标准时，可能对它规定功能）

❶ GCode 由字母"G"和一个整数构成，详细可以参阅"6.4 GCode 规范概述"。

- M19——主轴定向停止
- M20～M29——永不指定
- M30——纸带结束
- M31——互锁旁路
- M32～M35——不指定
- M36——进给范围1
- M37——进给范围2
- M38——主轴速度范围1
- M39——主轴速度范围2
- M40——自动变换齿轮集
- M41～M45——如有需要作为齿轮换挡，此外不指定
- M46～M47——不指定
- M48——注销M49
- M49——进给率修正旁路
- M50——3号冷却液开
- M51——4号冷却液开
- M52～M54——不指定
- M55——刀具直线位移，位置1
- M56——刀具直线位移，位置2
- M57～M59——不指定
- M60——更换工作
- M61——工件直线位移，位置1
- M62——工件直线位移，位置2
- M63～M70——不指定
- M71——工件角度位移，位置1
- M72——工件角度位移，位置2

由于MCode本身具备很高的开放和可定义等特性，因此在不同的行业应用中，各个设备制造商往往会在标准MCode的基础上进行扩展，3D打印领域也不例外。REPRAP项目组便结合了3D打印设备的特性，对MCode进行了一些扩展，增加的MCode如下所示。

- M101——打开喷头，进料
- M102——打开喷头，退料
- M103——关闭喷头
- M104——设置喷头温度
- M105——获取喷头温度
- M106——打开风扇
- M107——关闭风扇
- M108——设置喷嘴最大速度
- M109——设置打印板温度
- M110——设置打印仓温度
- M128——获取位置
- M129——获取范围（当前ReplicatorG不支持）
- M130——设置范围（当前ReplicatorG不支持）
- M200——重置驱动
- M202——清理缓存（当前ReplicatorG不支持）

在接下来的章节中，我们将向大家介绍如何自己动手制作一台3D打印设备。在制作之前，需要大家先准备好一些必需的材料，包括定制材料和通用材料两部分，详细的清单大家在本章可以看到。

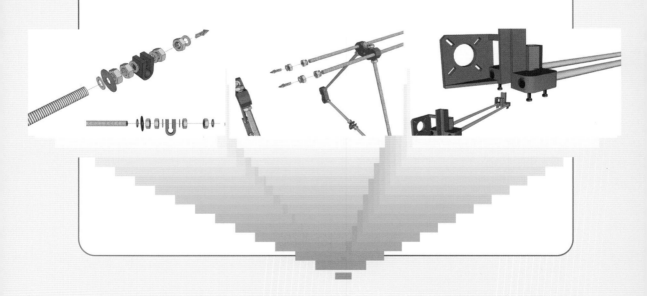

第**9**章

熔融挤压
3D 打印机 DIY

9.1 清单准备及获取

联轴器 2 个

限位器安装架 3 个

X 轴喷嘴支架 1 个

X 轴从动端支架 1 个

X 轴马达端支架 1 个

Y 轴马达支架 1 个

轴承 12 个

Z 轴马达支架 2 个

皮带扣 4 个

钢钎杆夹 8 个

螺纹杆夹 2 个

带轮 2 个

带脚连接架 4 个

无脚连接架 2 个

除了上述定制件外，通用的材料清单如下。

类别	名称	数量	名称	数量	名称	数量
螺丝类	M3 螺母	60	M3×25mm 螺丝	6	M3×20mm 螺丝	12
	M3 自锁螺母	10	M3×16mm 螺丝	6	M3×12mm 螺丝	46
	M3 弹簧垫片	30	M3×16mm 平头螺丝	2	M3×6mm 顶丝	16
	M3 平垫片	40	M4×10mm 螺丝	36	M4 平垫片	36
	M8 平垫片	80	M8 螺母	60	M8 自锁螺母	30
支架类	M8×400mm 螺纹杆	3	M8×370mm 螺纹杆	6	M8×290mm 螺纹杆	4
	M8×275mm 螺纹杆	3	M8×230mm 螺纹杆	2	M8×60mm 螺纹杆	1
	8mm×400mm 钢钎杆	2	8mm×380mm 钢钎杆	2	8mm×330mm 钢钎杆	2
五金类	联轴器	2	608 轴承	4	608 带边轴承	2
	623 轴承	1	箱式直线轴承	6	直线轴承	4
	挤出机弹簧	1	热床铝板	1	热床弹簧	4
	玻璃板	1	玻璃板夹子	4		
电子类	喷嘴挤出头套件	1	风扇	1	49 电机	4
	61 电机	1	同步皮带	2	12V 电源	1
	USB 线	1	主控电路板	1	限位开关	3
	电源红黑线	2	AC 电源线	1	电路连接线	20
工具及配件	60cm 宽高温胶带	1	10cm 宽高温胶带	1	机械润滑油	1
	剪钳	1	镊子	1	卷尺	1
	13 号扳手	1	3mm 内六角扳手	1	2.5mm 内六角扳手	1
	2mm 内六角扳手	1	1.5mm 内六角扳手	1	试机耗材	1

以上物品以及与定制件组合的套件，也都可以在淘宝中找到。

在准备好需要的各项材料之后，接下来我们将带领大家从头开始亲手DIY一台属于你自己的3D打印机。我们将组装的3D打印机完全遵循REPRAP Prusa i3的设计规范，因此所有的部件都是通用的，都可以采用符合规范的材料进行替代。

9.2 组装三角支架

1. 首先，取出一根370mm长的螺纹杆，从中间穿过一个U形钢钎杆夹，并将其放在螺纹杆中间位置，然后在夹子两边各放上一个M8垫片。

2. 在垫片的两侧各拧上一个M8螺丝，拧到靠近垫片即可，暂时不用拧紧。

3. 接下来在螺纹杆的两头各拧上一个M8螺丝，并在外侧各放上一个垫片。

4. 在螺纹杆的两侧各放上一个连接架，需确保连接架的支撑角朝下，并使不带支撑角的一侧向外弯曲。

5. 调整连接架内侧螺母的位置，使得两个连接架之间的距离大致为290mm。这里只需要大致为该长度即可，之后我们还会再进行确认。

6. 在两侧支角的外侧各放上一个垫片，然后拧上螺丝。这里同样不用拧得太紧，因为我们后面还可能需要做一些细微的调整。

7. 再次拿出一根370mm长的M8螺纹杆，两头各拧上螺丝，放上垫片。

8. 将刚弄好的螺纹杆插入早先连接架上侧的孔洞中，并在穿过的一侧加上垫片和螺丝。操作完成后，穿过连接架的两根螺纹杆构成三角支架的两个边。

9. 按同样的方式组装另一根370mm长的螺纹杆，然后插入连接架另一边的孔洞中，暂时先完成三角支架的第三条边。

10. 目前只有下部安装了两个连接架，顶角还没有安装固定件。因此可以将其中一边先取下来，在顶部装上连接架后，再将底端插入底座连接架上。安装完之后，在顶端连接架外侧的螺纹杆上套上垫片和螺丝，并稍拧紧。完成后的效果如左图所示。

11. 接着通过调整内侧的螺丝，来调整三角支架各条边的长度。根据设计，我们需要用尺子确认支架各边长度为290mm（该长度为塑料连接件内侧之间的距离），长度确认后便可以拧紧外侧螺丝。这样，一个牢固的等边三角架便做好了，底部是两个支脚，支脚中间是钢钎夹。将钢钎夹大致调整到中间位置，仍然还不用将夹子拧紧，完成后效果如左图所示。

12. 按同样的方式，再完成另一个等边三角架的组装工作。完成后，两个三角架应该是完全一样的。

9.3　组装前侧螺纹杆　>>>>>>>>>

1. 取出一根长度为290mm的螺纹杆，拧入一个M8螺丝，然后在其中一侧放入垫片。

2. 将钢钎有垫片的一侧，穿过Y轴马达支架上靠近直边的孔洞，效果如左图所示。

3. 在Y轴马达支架的另一侧同样放上垫片，并拧上M8螺丝。

4. 在螺纹杆的两侧分别拧上螺丝，加上垫片。

5. 接着，再取出一根290mm长度的螺纹杆穿过Y轴马达支架上面的孔洞。这根杆的组装将会比较复杂，因此需严格按照所描述的顺序进行安装。在Y轴马达支架左侧添加的物品依次为：1个垫片→两个螺丝→1个垫片→1个钢钎夹（需从中间孔中穿过）→1个垫片→2个螺丝→1个垫片。

依次将穿入的部件调整到合适位置，完成左侧组装后效果如左图所示。

6. 然后再按顺序进行右侧零件的安装，其从内向外先后顺序为：1个垫片→1个螺丝→2个垫片→1个防护垫片→1个垫片→1个608轴承→1个垫片→1个防护垫片→2个螺丝→1个垫片→1个钢钎夹（需从中间孔中穿过）→1个垫片→2个螺丝→1个垫片。这里需要注意的一点是，部分608轴承会自带防护，如果使用的是这类轴承，那么可以省去其两侧的垫片和防护垫片。

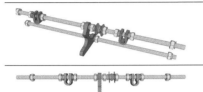

完成两侧的组装后效果如左图所示。

7. 在进一步组装其他部分之前，可以检查一下已完成的组件以及各个部分大致的位置是否如左图所示。

8. 现在可以将螺纹杆和之前组装好的三角架组装起来，分别将三角架安装在螺纹杆的两侧，然后加上垫片，用螺丝拧紧。完成后的效果应该如左图所示。

9.4 组装后侧螺纹杆 >>>>>>>>>

1. 再次拿出一根长度为290mm的螺纹杆，分别在两边拧上螺丝，加上垫片。

2. 然后，取出最后一根290mm长的螺纹杆，在其左侧由内向外依次装上：1个608轴承→1个垫片→1个防护垫片→2个螺丝→1个垫片→1个钢钎夹（需从中间孔洞中穿过）→1个垫片→2个螺丝→1个垫片。

3. 安装完成后在该螺纹杆的另一端由内而外依次装上：1个垫片→1个防护垫片→2个螺丝→1个垫片→1个钢钎夹（需要从中间孔洞中穿过）→1个垫片→2个螺丝→1个垫片。

整个安装完成后效果如左图所示。

4. 确认刚组装好的两根螺纹杆及其各个部分位置大致如左图所示。

5. 现在可以将螺纹杆和之前组装好的三角架组装起来，将三角架安装在螺纹杆的两侧，然后在外侧加上垫片，并用螺丝拧紧。完成后的效果应该如左图所示。

6. 现在整个连接架的底部已经完成安装，这时该连接架可以不用支撑就独自站立。但两侧三角架的顶部还不牢固、容易摇晃，但是不用担心，我们接下来解决这一问题。

9.5 组装顶部螺纹杆 >>>>>>>>

1.取出一根400mm长的螺纹杆，从刚组装好的支架上部塑料件的孔中穿过。然后在支架的中间，依次为螺纹杆穿过的一侧安装上1个垫片、2个螺丝以及1个垫片。

2. 重复同样的步骤，给支架上部加上另一根400mm长的螺纹杆，效果如左图所示。

3. 将上部螺纹杆中的螺丝和垫片调整到合适的位置，然后将螺纹杆从支架上部另一端穿过（确保两根螺纹杆的两侧对齐，并在连接架两边突出同样长度，以便为接下来在两侧安装马达支架留出足够的空间）。

4. 接着在两根螺纹杆的外侧，依次都加上1个垫片→1个螺丝→1个垫片，添加后效果如左图所示。

5. 将一个Z轴马达支架穿过两根螺纹杆外侧，需确保带有凹槽的一侧向外（用于固定垂直钢钎），然后给每根螺纹杆加上垫片和螺丝进行固定。

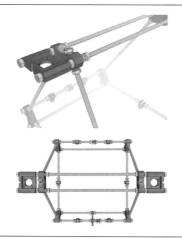

6. 重复同样的步骤，在连接架另一边也安装上Z轴马达支架，完成后效果如左图所示。

3D 打印：从全面了解到亲手制作（第2版）

9.6 紧固支架 >>>>>>>>>

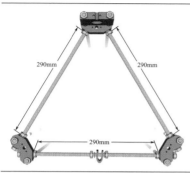

1. 在我们继续其他部件的安装前，我们需要先停下来调整、紧固一下已经完成的支架框架。首先先检查一下两侧支架各个节点之间的距离是否都是290mm（塑料连接件内侧之间的距离）。确认距离没有问题后，便可以将各个节点外侧的螺丝拧紧以使整个支架牢固，但也需注意控制力度，以免损坏塑料连接件。

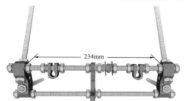

2. 接下来检测底部两侧支架之间的距离，将其调整至234mm的宽度，该宽度同样是指塑料连接件内侧之间的距离。确认距离后，便可以将各个节点外侧的螺丝拧紧以使整个支架牢固，同样也需注意控制力度，以免损坏塑料连接件。

3. 然后检测顶部两侧支架之间的距离，将其调整至234mm的宽度，该宽度同样是指塑料连接件内侧之间的距离。确认距离后，便可以将顶部连接件外侧的螺丝拧紧以使整个支架牢固。但在拧紧两侧螺丝前，必须再次确认平行的两根螺纹杆在上部节点间的距离完全相同。

4. 在完成上述三个步骤后，整个支架部分基本稳固了。这时可以使用铅垂线或者类似的工具，将其从支架上部的Z轴马达支架中间垂下，找到底部节点的中间位置，然后通过螺丝调整下部钢钎夹的位置，使得两边的钢钎夹位于下部节点的中间位置。但先不要将其拧紧，因为我们还需要将一根440mm的螺纹杆从底部钢钎夹的中间穿过。

5. 取出一根440mm长的螺纹杆从底部两根杆上的钢钎夹中间穿过。这里需确保新插入的螺纹杆在支架底部的下面，并调整两边突出的长度一致。

第9章 熔融挤压3D打印机DIY

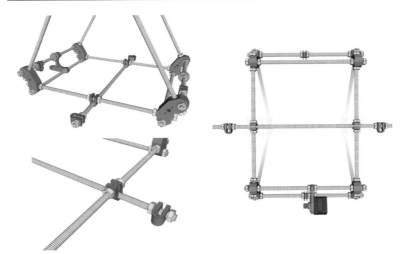

6. 在新插入的螺纹杆两端分别依序添加上1个螺丝→1个垫片→1个钢钎夹（需从孔中穿过）→1个垫片→1个螺丝。

底部视图，效果如左图所示。

9.7　组装 Y 轴框架　>>>>>>>>>

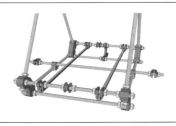

1. 接下来安装沿 Y 轴移动所需要的钢钎轨道。先取出两根406mm长的钢钎安装到支架底座前后侧的钢钎夹中，并将它们调整至大致平行的位置。需注意使用的是钢钎，不同于之前使用的螺纹杆。

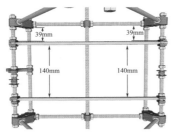

2. 检查确认两侧连接件同中间钢钎之间的距离为39mm，以及两根平行钢钎之间的距离为140mm。稍后需在钢钎上安装打印板，因此需确保两根钢钎完全平行，才能保证安装在钢钎上的打印板能够自由滑动。

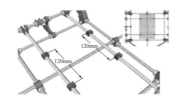

3. 为了能够进一步在钢钎上安装打印板，需要先在每根钢钎上各安装上2个开口箱式轴承，间隔大概120mm。然后在箱式轴承平面一侧涂上胶水，将打印平板底板同箱式轴承粘牢固定。如果底板上有螺孔，则可不用刻意测量间隔距离，只需将其调整到对应位置能安装上即可。

4. 待胶水凝固之后，缓慢滑动打印底板，并调整底下钢钎两端的位置，使得整个平板能够沿钢钎自由活动。然后调整两侧的608轴承，使其处于平行钢钎的中间位置，确定之后调整Y轴马达支架，使其紧靠608轴承，再次拧紧底部螺丝。

5. 拿出预装好齿轮的Y轴马达，将其放在刚调整好位置的马达支架外侧（608轴承的另一侧），这样可以通过齿轮来带动穿过轴承的皮带，从而使得整个打印板沿Y轴移动。将马达调整到合适位置，使得马达四个角上的螺孔同马达支架对齐，然后给每个螺孔安装上M3垫片和M3×10mm的螺丝来固定。

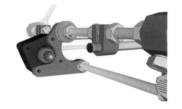

注：该马达前端齿轮为预组装，并且预组装齿轮的马达如左图所示贴在Y轴马达支架上，其中马达底座放在支架左侧（前视图）。

6. 调整马达底座的位置，使得底座上的插孔和支架上的孔洞相对齐，然后使用三个螺丝和垫片将其固定住。

7. 将Y轴皮带齿口向内穿过轴承和Y轴马达的齿轮，两头放在打印底板的中间，并拉紧拉直。如果出现无法拉直的情况，则需回过头再次调整轴承的位置。

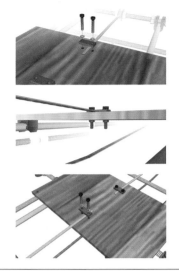

8.使用皮带扣压住皮带，然后在每个扣孔装上M3垫片和M3×25mm螺丝，下部使用M3螺母固定。安装第一个皮带扣时，只需确保皮带被拉直并穿过足够的长度，然后就可固定。安装完一个之后，需将皮带用力拉紧后再安装第二个进行固定。

9.安装完后手动转动Y轴马达的齿轮，看看是否能够流畅地带动打印平板沿Y轴移动。然后轻轻推动打印平板，观察其是否能够带动马达转动，检查皮带是否太松或太紧，并确定平板移动阻力、皮带松紧是否合适。认为一切妥当之后，便可以将多余的皮带修剪掉，一般来讲保留离夹口2～5cm都是可以的。

9.8 组装X轴框架 >>>>>>>>>

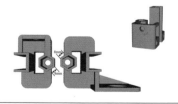

1. 找到X轴马达端支架和从动端支架，检查其孔径是否如左图所示。

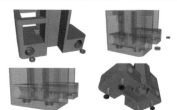

2. 将4个M3螺母放到从动端支架的底座中，底座中有六角形的M3螺母卡槽，因此放入后螺母应该直接固定在卡槽中。然后从底部向上，为每个螺母安装一个M3×10mm的螺丝。这时只需避免螺母脱落，将螺丝拧上即可，不需完全拧紧。

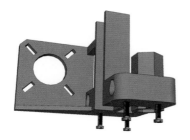

3. 采用同样的方式，在 X 轴马达支架的底部也安装上 4 个 M3 螺母，然后加上 M3×10mm 螺丝固定。

4. 在从动端支架上插入两根 495mm 长度的钢钎，确保能穿过底部 M3 螺母卡槽的位置。然后将钢钎另一端插入马达端支架，同样需确保钢钎能穿过底部卡槽的位置。安装完后，两个支架垂直方向上的六角形管应该都朝内侧。

5. 先拧紧马达端支架的 M3 螺丝，使钢钎被 4 个 M3 螺丝固定，但不能将钢钎伸出支架，以免影响 X 轴马达的安装。这时从动端支架应该可以轻松滑动，先不要拧紧从动端的螺丝。

6. 拿出 M8×50mm 的螺丝（或者一个 M8 螺母和一根 50mm 长的螺纹杆）。接着按顺序给其加上：1 个防护垫片→1 个 M8 垫片→1 个 608 轴承→1 个 M8 垫片→1 个防护垫片。

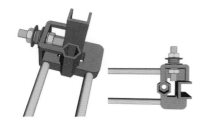

7. 将 50mm 长的螺纹杆穿过从动端支架外侧的孔洞，然后从支架内侧加上 1 个垫片和 1 个螺母将其固定。

9.9 组装Z轴框架

1. 使用水准仪检查框架顶部是否水平，如果略微倾斜，可以在倾斜的一边垫一些纸将其调整为水平。如果倾斜幅度很大，那么需要查找倾斜原因，并予以调整。

2. 使用类似铅垂线的工具，检查Z轴马达支架孔中心是否同底部螺纹杆上的钢钎夹夹孔垂直。两边都需检测，如不垂直，通过调整底部螺纹杆修正。

3. 修正完之后，可以将2个M3螺母放到Z轴马达支架内侧的卡槽中。

4. 在对应螺母卡槽的外侧，放上螺纹杆夹，并在两个孔中各加上1个垫片，1个M3×25mm螺丝。将螺纹杆夹安装到Z轴马达支架上，但先不要拧紧。采用同样的方法，给另一侧Z轴马达支架也装上螺纹杆夹。如果发现M3×25mm螺丝过长，影响了Z轴马达的安装，可以考虑采用在螺丝底部先套上螺母；或者将螺丝放进支架内侧的卡槽，从内往外安装。

5. 在螺纹杆夹中插入一根330mm长的钢钎，并穿过底部的U形钢钎夹。使用铅垂线，检查该钢钎是否垂直，确认垂直后拧紧螺丝，将其固定住。然后对另一侧也做同样的操作，安装好另一根330mm长的钢钎。

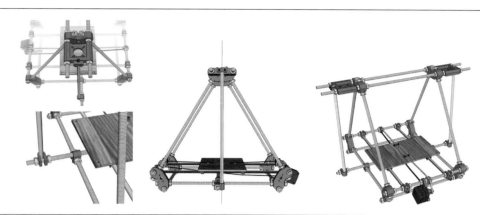

6. 在两根垂直的钢钎上，各安装2个开口箱式轴承，并确保它们可以自由地滑动。

7. 将之前准备好的X轴框架拿出，调整从动端支架的位置，使其恰好可以将两侧的轴承卡在支架上。这时，X轴马达支架应该和底部Y轴马达在一侧。

8. 接着将X轴框架先取下来，在轴承底座处涂上胶水后，再将X轴装上。具体的安装方法，可以如左图所示，先将从动轴一端往内调整一定距离，然后将马达端先固定好，接着拧松从动端支架的螺丝，将其移到轴承处固定好，然后拧紧螺丝。

9. 将两端的支架和轴承保持紧密直至胶水固定，然后沿着Z轴方向轻轻地上下移动X轴支架，检查移动过程是否平滑。并且可以使用一些支撑工具将X轴框架固定在大致中间的位置，然后拧紧X轴上固定马达用的M3×10mm螺丝。

10. 松开支撑工具，将X轴框架移动到Z轴底部，检查移动过程是否平滑，如有问题可以通过调整支架底部U形钢钎夹的位置来进行调整。

11. 先找到X轴马达端连接底部的六边形管道，将一个M8螺母放入其中，然后再从该管道上部放入弹簧和M8螺母。

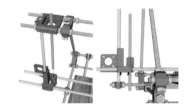

12. 取出一根210mm长的螺纹杆，将其从两个M8螺母和弹簧中穿过。穿过后，调整一侧的螺母，将弹簧压缩，使得上下两个螺母恰好和马达支架上的六边形管道高度一致。接着对另一侧的从动端支架也加上同样的螺纹杆和螺丝、弹簧。

13. 将两个NEMA 17马达放到Z轴马达支架上，其中马达轴穿过支架朝下。并给每个马达加上4个垫片和4根M3×10mm螺丝固定。

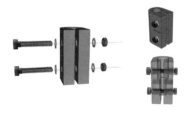

14. 拿出两个联轴器，每个联轴器上有两个螺丝孔，在两侧加上垫片，并使用M3×20mm螺丝穿过，然后用螺母固定，但先不用拧紧。

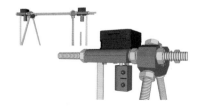

15. 将两个加好螺丝的联轴器固定在Z轴马达的转轴上。

3D 打印……从全面了解到亲手制作（第 2 版）

16. 将 X 轴框架上的两根210mm长的螺纹杆接到联轴器的下端，通过调整螺纹杆伸入联轴器的长度使得整个 X 轴处于基本水平的位置，然后拧紧联轴器螺丝将螺纹杆固定。

17. 轻轻地上下移动 X 轴框架，确保两侧的支架能够支撑 X 轴框架的重量。同时，检查移动阻力是否合适。如果出现阻力过大的情况，则需要调整两侧的钢钎和 Z 轴马达连接的螺纹杆，确保它们都垂直并且平行。

18. 在确认 X 轴上下移动都很顺畅后，还需用水平仪来检测 X 轴支架。如果发现 X 轴支架不够水平的情况，可以通过旋转两侧螺纹杆来进行微调使 X 轴达到水平，这样整个 X 轴和 Z 轴框架就都完成了。

9.10 安装打印喷头及打印台 >>>>>>>>>

1. 找到塑料带轮，使用M3紧定螺丝将塑料带轮固定在 X 轴马达上。这里需注意的是，带轮齿轮不应紧贴马达口，需留有足够空隙（大概1mm空间即可），以免带轮转动时与马达产生摩擦。

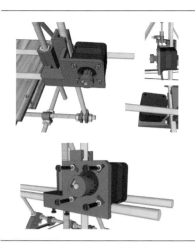

2. 将装好带轮的马达放入X轴框架的马达支架上，并使用4个M3X10mm螺丝和垫片将其固定，但先不要拧紧螺丝。

3. 将4个开口箱式轴承放在X轴框架中间的钢钎上，并确保它们都能自由滑动，然后给每个轴承背面涂上胶水。

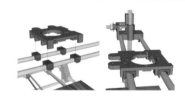

4. 将喷嘴支架安放到开口轴承上，确保四个轴承分布在支架的四个角上。并且安放时应该注意，喷嘴支架突出的一边应该和X轴马达的带轮在同一侧。

5. 等待胶水凝固后，轻轻左右滑动喷嘴支架，确保其能轻松移动。

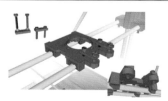

6. 使用M3X25mm螺丝和垫片，将两个皮带夹分别拴在喷嘴支架上，底部拧上螺丝，但先不用拧紧以便皮带能够从中穿过。

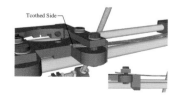

7. 将皮带的一端从皮带夹中穿过，穿过时确保光滑面朝上。穿过后调整皮带的方向，使其同X轴钢钎大致平行，然后收紧底面的螺母使皮带夹紧。

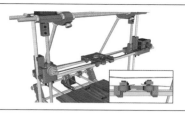

8. 将皮带另一端绕过X轴上的马达以及另一侧的滑轮，确认皮带上的齿轮扣紧马达上的带轮。然后适当用力将其拉紧，从另一个皮带夹中穿过，最后拧紧皮带夹下的螺母将其扣紧。

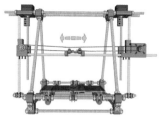

9. 安装好皮带后，再次轻轻移动喷嘴支架，确保支架能自由移动。同时观察X轴马达是否受皮带拉动而转动，如果不能，则需检查皮带齿口是否咬紧马达带轮，可以通过重新拉紧皮带来进行调整。

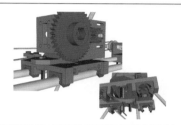 

10. 使用两个M4×20mm的螺丝和垫片，将喷嘴安装在喷嘴支架上，并用螺母进行固定。

11. 接下来安装打印板。先用一个M3×40mm的螺丝，套好垫片后从打印板面上向下穿过。然后在螺丝的下部依次装上1个垫片–>1个弹簧–>1个垫片–>1个螺丝，同样的方法给其他3个孔也安装上同样的零件。这里螺丝先不要拧太紧，并拧到大概同一高度，以便打印板能水平。

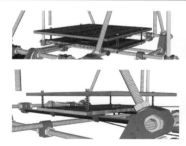 

12. 小心地将打印板放到底板上，并让4个螺丝从底板预留的孔中穿过。然后给每个螺丝加上垫片和螺丝，但底部的螺丝先不用拧太紧，因为整个打印板还没有经过校准。

13. 将整个打印机放在水平的桌面上，然后用水准仪分别测量打印板横纵的边，通过调整底板4个角上的螺母来使整个打印平板水平。一旦确认整个打印板水平，便拧紧底板4个角下面的螺母来固定。

9.11 安装电路控制 >>>>>>>>>

1. 电路板上有许多原件，但都是通用的，因此只要是同一规格便可完全兼容。不管使用何种电子产品，主板上都至少需要3个步进驱动，但最好能有4个，以便能够同 XYZ 轴的步进马达和挤出机相连，除了马达，还需要连接热床（选配）、挤出机加热器、挤出机以及 XYZ 轴的限位器。详细情况可以参照 "8.2.2　电子部件"，本书所采用的是 Melzi 控制板，各接口功能如下图所示。

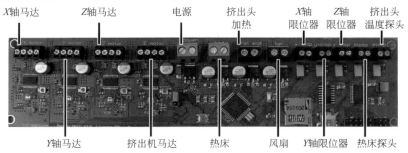

2. 在给打印机安装电路控制之前，需要先用螺丝或胶水安装 XYZ 轴的限位器，将限位开关先固定在 h 形安装架上。

3. 然后将 h 形安装架的 U 形端卡在钢钎杆上。具体来说，就是先将一个限位器放在 Z 轴左侧的钢钎杆上，将它的位置调整到略低于 X 轴的位置，以限制打印喷嘴向下移动的最大距离；接着在 X 轴钢钎的左侧也加上一个限位器，以限制喷嘴支架横向移动的最大位置；最后再在打印板底下的 Y 轴钢钎上也加上一个限位器，以限制打印板移动的最大位置，效果如左图所示。

4. 使用 M3×25mm 螺丝穿过 U 形端的螺孔，再套上垫片和螺母，将其固定，但先不要拧太紧。

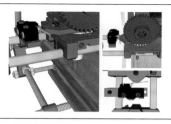

5. 因为还需要对限位器控制位置做最后的确认，先轻轻移动X轴框架上的喷嘴支架，当喷嘴离打印板边缘大概10mm处，将X轴挡板移到紧贴支架的位置固定住，使得挡板上的开关铜片正好顶住喷嘴支架的突出部分。

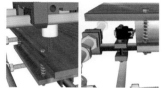

6. 接着将打印板沿着Y轴轻轻移动，当移到打印板边缘离喷嘴大概40mm处，将Y轴限位器移到紧贴打印底板的位置固定住，使得挡板上的开关铜片正好顶住底板边缘。

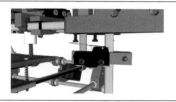

7. 最后将X轴框架整体向下移动，使得打印喷头贴上打印板之后，将Z轴限位器移到紧贴马达支架底部螺丝处位置固定住，使得挡板上的开关铜片正好顶住支架下部突出的螺帽。

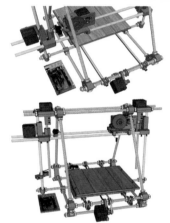

8. 完成限位器之后便可以开始最后一步——连接电路控制。在开始连接之前，可以先看看希望将电路板最终安放的位置，将其放在需要最终安放的位置附近，然后再连接电路，这样可以避免电路连接好后移动电路板所带来的麻烦。

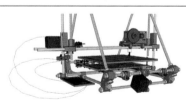

9. 旋转限位器，使其触发开关朝内侧，并使用电路连接线将主板同限位器连接（主板对应接口是X-Stop、Y-Stop和Z-Stop）。这里还需要对限位器的位置进行微调，使得其能够有效限制设备打印范围。

10. 接下来连接Z轴马达，先将顶端支架两侧的Z轴马达同样接口的连接线缠绕合并成一条线，然后将合并后的连接线连接到主板上Z-Motor接口。

11. 将前部 Y 轴马达的连接线同控制板上的 Y-Motor 接口相连，对于散开的线路，可以用带卡齿的扎带进行固定。

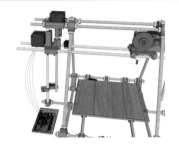

12. 最后剩下的左侧马达为 X 轴马达，将其连接线同控制板上的 X-Motor 接口相连。同 Y 轴马达一样，散开的线路可以用扎带进行固定。

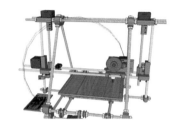

13. 以上我们完成了机械框架的驱动连接，接下来只需要完成挤出喷嘴的连接便大功告成。挤出喷嘴的连接相对复杂一些，需要将挤出马达、挤出头加热管分别连接到挤出机马达和挤出头加热接口。如果有在支架上外挂风扇部件的话，还需要将风扇连接到风扇接口。

14. 全部连接完之后，先手动沿 X 轴和 Y 轴移动打印挤出设备，确保在打印范围内移动时不会影响线路连接。

9.12 安装驱动并打印测试 >>>>>>>>>

设备组装终于完成，激动人心的时刻就要到来，即将见证神奇的 3D 打印机如何创造出一件件物品。但在此之前，为了能控制刚刚组装好的 3D 打印机，我们还需要为电脑安装驱动程序。先为打印机接上电源，然后通过 USB 线将电脑和 Melzi 主板相连。标准版的 Melzi 使用的是 FT232 串口转 USB 芯片，在插上 USB 线并上电后，板子上的红色 LED 灯会开始闪烁，这说明板子已经开始工作。

这时，操作系统将会开始安装 FT232 驱动和虚拟串口驱动，如果安装不成功，则要登陆Melzi官方网站下载驱动程序安装包❶，进行解压安装即可。Windows操作系统中安装过程如下。

（1）打开"设备管理器"。

（2）找到未识别带"？"号的FT232设备，右击选择"更新驱动程序"。选择"浏览计算机以查找驱动程序软件"。

（3）点击浏览，选择解压缩后的驱动程序文件夹（图9-1）。

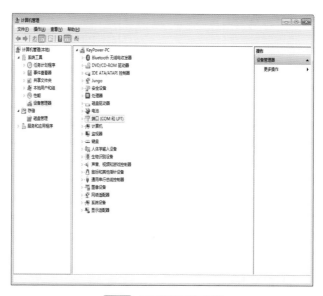

图9-1 设备管理器端口菜单

（4）点击下一步，开始安装。安装完成后会有提示。如果设备管理器中还有带"？"号的USB Serial Port设备，用同样方法安装驱动。直到出现正确安装的USB Serial Port设备，并记住COM端口号（图9-2）。

图9-2 设备管理器中串口端口号

（5）启动控制软件，并通过刚刚获得的端口号连接启动打印机。

控制软件成功连接打印机后，正常情况下便可以打开三维模型进行打印了。但如果所使用的Melzi控制板是纯粹的硬件，为烧录固件程序的话，那还需要增加烧录固件的。

（1）下载并安装Arduino程序，安装过程非常简单，双击安装包的Arduino.exe按提示设置即可。

（2）下载Melzi官方网站的Sprinter固件，文件名为Sprinter-melzi.pde。

---

❶ 需根据电脑选用的操作系统来安装对应版本的驱动程序，当前Windows操作系统下的安装包是"CDM 2.08.28 WHQL Certified.zip"文件。

（3）打开Arduino，点击File->Open，打开工程文件Sprinter-melzi.pde。

（4）选择控制板类型（图9-3）。

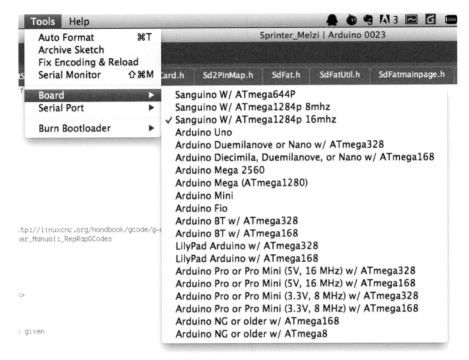

图9-3 Arduino中选择控制板类型

（5）选择串口，Windows系统下选择前面设备管理器中USB Serial Port对应的串口号（图9-4）。

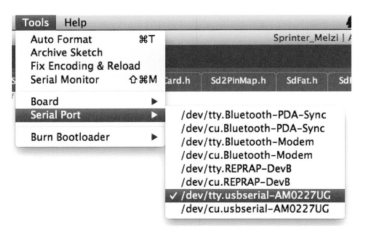

图9-4 Arduino中选择串口号

（6）点击Verify编译，编译结束后点击Upload烧录，成功后会出现Done uploading（图9-5）。

需要注意的是，在烧写程序前一定要插上板子右侧AUTO-REST的跳线，否则会烧录失败。烧录大约要十几秒钟，完成后Melzi板子上的LED灯就会重新开始闪烁。

```
                    Sprinter_Melzi | Arduino 0023

 ▷ ◯ ⬛  ⬜ ⬆ ⬇ ➡️  ⬜ Upload

  Sprinter_Melzi    Configuration.h    FatStructs.h    Sd2Card.cpp    Sd2▢rd

// Tonokip RepRap firmware rewrite based off of Hydra-mmm firmware.
// Licence: GPL

#include "fastio.h"
//#include "Configuration.h"
//#include "pins.h"
#include "Configuration.h"
#include "Sprinter.h"
#include "SerialManager.h"
#include <EEPROM.h>

#ifdef SDSUPPORT
#include "SdFat.h"
#endif

// look here for descriptions of gcodes: http://linuxcnc.org/handbook/gcode/g-co
// http://objects.reprap.org/wiki/Mendel_User_Manual:_RepRapGCodes

//Implemented Codes
//-------------------
// G0  -> G1
// G1  - Coordinated Movement X Y Z E
// G4  - Dwell S<seconds> or P<milliseconds>
// G28 - Home all Axis
// G90 - Use Absolute Coordinates
// G91 - Use Relative Coordinates
// G92 - Set current position to cordinates given

Done uploading.

Binary sketch size: 31264 bytes (of a 129024 byte maximum)

30
```

图9-5 Arduino代码界面

　　一切准备完成后，便可以启动控制软件，例如第7章中所介绍的ReplicatorG。启动控制软件并连接设备成功后，打开需要打印的模型，点击打印按钮，便可以看到我们亲手组装的神奇打印机将电脑中的物品逐层变成现实（图9-6）。

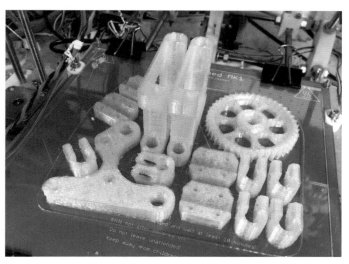

图9-6 使用组装的3D打印机打印另一台3D打印机的定制组件

第 10 章

光固化
3D 打印机 DIY

10.1 材料准备及注意事项 >>>>>>>>>

光固化成型（Stereo Lithography Appearance，SLA）也被称为立体光刻成型，基本原理是用特定波长与强度的激光聚焦到光固化材料表面，使之由点到线，由线到面顺序凝固，完成一个层面的绘图作业，然后升降台在垂直方向移动一个层片的高度，再固化另一个层面，这样层层叠加构成一个三维实体。

本章将带着大家自己动手DIY一台光固化3D打印机，该机型主要来源于WIKI上的硬件开源项目，是目前最低成本的SLA解决方案之一。由于大家已经有了上一章熔融挤压3D打印机DIY的经验，这章我们将会略过一些细节，只展现核心步骤和环节。

> **注意事项**
>
> （1）由于组装和打印过程涉及激光照射，因此读者接通电源前必须先准备好安全护目镜，并且确保镜片能够防护445nm光照强度。
>
> （2）打印材料为光敏树脂，具有一定气味和挥发性，因此组装和材料存放环境应通风良好，并避免吸入树脂挥发和打印时产生的蒸汽。

在开始之前，我们需要提前准备好以下材料。

类别	名称	数量
基础模块	40cm×45cm×2cm 胶合板，用于箱体背面和侧面	3
	40cm×40cm×2cm 胶合板，用于箱体顶部和底部	2
	M3×8cm 的螺丝和垫圈	24
	橡胶垫，用于箱体底部支撑	4
	M3 螺栓	4
	M3 螺母和垫圈	8
	10cm×10cm×1cm 黑色乙缩醛板，用于打印平台	1
	1L 装烧杯	1
导轨模块	15mm×200mm 直线导轨	4
	15mm 轴承座及配套 2 个法兰面螺栓	2
	15mm 轴承座及配套 4 个法兰面螺栓	2
	8cm 长 M8 螺纹杆	1
电子模块	微动开关（带滚轴的）	6
	ROB-09238 型步进马达	3
	配套步进电机驱动板	3

类别	名称	数量
电子模块	4 针偏光连接器（套）	3
	6 针插头（母）	2
	直流桶式插孔适配器（母）	2
	Sanguino 3D 打印控制板	1
	5V USB 电缆线	1
	G5V-1 9V 继电器	1
	LD33V 3.3V 稳压器	1
	9V 500MA 或更高的电源	2
	24V 2000MA 或更高的电源（用于步进电机）	1
	TIP120 晶体管	1
	1kΩ 电阻	1
	保护二极管，如 1N4148	1
	2 针的螺丝插头	2
数控模块	4 孔法兰面导引螺母	3
	5mm 孔径的耦合器	3
激光模块	蓝色激光玻璃镜片	1
	20mW 的 405nm 紫外线激光发射器	1
	21mm 外径的虹膜膜片	1
打印材料	1L 装 3099 型光敏树脂	1

10.2 组装 *Y* 轴框架 >>>>>>>>>

在组装整个箱体框架之前，我们可以看看如下 2 图中完成后的整体效果。

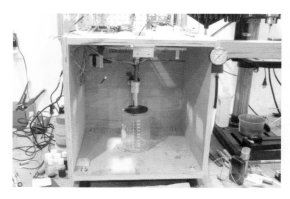

有了上一章 DIY 组装的经验，我们可以采用类似的步骤组装 *Y* 轴框架。先将底部支架固定在箱体顶部木板下面，这里有个小技巧，可以先安装整个 *Y* 轴固定部件，然后将导轨

和电机从轴承底座中穿过，这样后续为电机接线和调整，都会更方便一些。

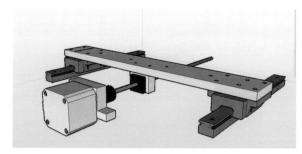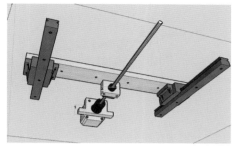

注：1. 步进马达上需要留好螺丝孔的位置，如果钻孔设备允许，可以用不同型号的螺丝，不必完全根据上一节提供的零件来；
2. 该部位后续需要挂接激光发射器

注：1. 可以通过顶角对步进马达进一步加固

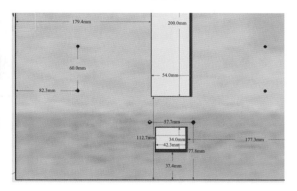

注：1. 类似这样的衔接处，可以选用一些较长的螺丝来固定

注：1. 这是箱体顶部模板的平面图

 10.3 组装X轴框架　>>>>>>>>

　　使用M3螺丝将X轴框架和步进马达安装到Y轴框架上面，X轴框架如下2图所示，其中线型导轨记得通过螺丝卡在底盘滑道上。

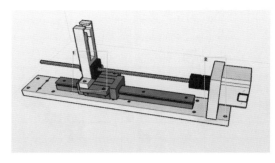 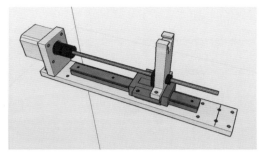

注：1. 为激光发射器安装架，并通过底座和导轨实现自由平滑移动；
2. 该处记得留有钻孔以便固定步进马达

　　在安装X轴、Y轴时，可以先不打孔，而是将导轨放入两个轴承底座，确保导轨可以在底座中正常滑动。同时，确保导轨和两端的底座平行，并且导轨互相垂直。做好以上检测后，再在木板上进行画点、打孔，打孔后螺丝先不要拧太紧，再次进行上面的检测并对螺丝进行微调，确保没问题后再将螺丝最终拧紧。安装后效果图如下4图所示。

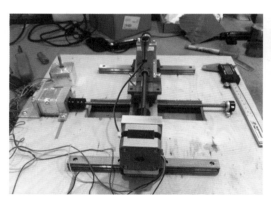 

 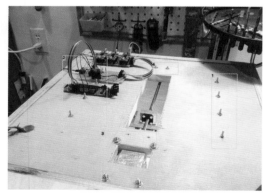

注：1. 用于导轨的安装螺丝；
2. 用于导轨的安装螺丝；
3. 步进器的安装螺丝；
4. 另一端固定轴的安装螺丝

10.4 组装Z轴框架

>>>>>>>>

Z轴为垂直轴，负责打印平台的上下移动，如下2图所示，通过底部步进马达的旋转，实现整个N形打印平台的上下移动。其中，在箱体的底层模板上进行穿孔，将线形导轨穿过孔洞，步进马达安装在木板的下侧，导轨底座和N形平台都安装在木板上侧。

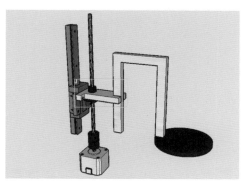

注：1. 夹臂部分造型可以多样，需确保和导轨可以上下垂直滑动

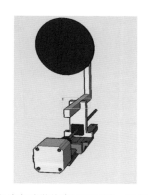

注：1. 夹臂应稍微伸出支架末端，以便可以根据需要将打印平台进行微调

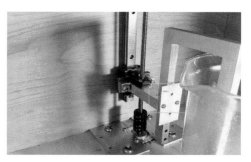

注：1.这里采用了一个额外的固定办法，通过4个钻孔，将打印平台更好地固定在夹臂上

这里N形平台和线形导轨上的夹臂，可以通过多种方式进行固定，对结果影响不大。而木板下侧的步进马达，则需要更好地固定，避免通电工作时震动导致偏移，固定方式也有多种，比如可以在木板上侧安装一块铝合金片，通过螺丝上下穿透进行固定。但这里并不建议将Z轴马上固定在木板上，尽量在完成整个箱体的组装后，再进行Z轴的安装，以便确保Z轴的安装精度。

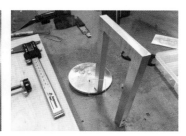

注：1. 打印平台的固定比较简单，可以直接打孔固定就行

10.5 　拼装打印机箱体　>>>>>>>>>

接下来可以把5块胶合板拼装在一起，通过工具初步固定，使得内部打印仓空间尽可能地呈正方形结构，然后按照左图和下面2图所展示的钻孔安装螺丝固定。

注：1. 在顶部的孔需要足够大，以便步进马达的4针连接器可以穿过

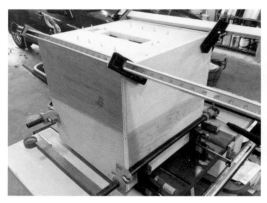

注：1. 沿边缘钻3个略小于螺丝孔径的小孔，以便螺丝穿过和固定；

2. 沿边缘钻3个略小于螺丝孔径的小孔，以便螺丝穿过和固定

拿出材料清单中的橡胶垫和配套螺丝，按左图和下面4图所示顺序，将其安装在打印箱体的底部，确保橡胶垫可以通过旋转来调整高度，以便四个角方便调平。可以用气泡水平仪放在箱体顶层和底层木板中测试，确保整个打印平台在Z轴上下移动的过程中都是水平的。

3D 打印：从全面了解到亲手制作（第2版）

另外，下面2图分别是箱体顶部和底部胶合板的切割和钻孔情况，不一定需要完全照搬，这里仅供大家参考。

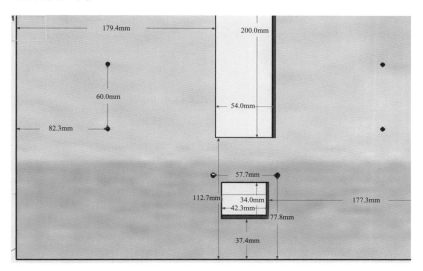

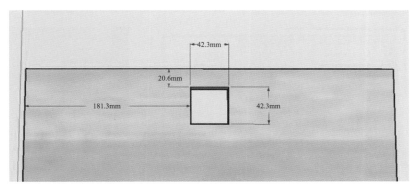

10.6 安装步进驱动板 >>>>>>>>>

首先将 4 针偏光连接器焊接到 Easydrivers 步进电机驱动板顶部，并将插头公口焊接到主板底部的其他孔中。

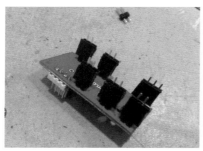
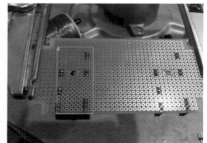

注：1. 间距和布局是为了和驱动板插孔位置对应

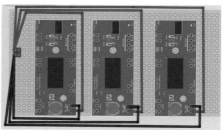

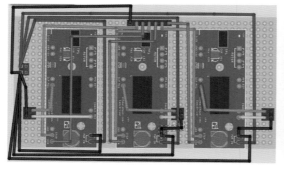

然后使用10针的信号线将Easydrivers驱动板和Sanguino 3D打印控制板相连，这里可以用常见的插头进行直连即可，不过别忘了3个步进驱动板的地线连接到一块。

如下面电路图所示，步进器中线圈对的电线颜色是黄+蓝和绿+红，在焊接电路板之前，需要先逐对进行验证。

注：1. 步进和方向信道；
2. 步进马达的电源插座

注：1. 12～24V驱动步进马达的接地线；
2. 12～24V驱动步进马达的电源输入；
3. 确保步进马达电源的接地和其余的电路板接地连在一块；
4. 步进和方向信道同下一块板子连接起来

10.7　安装激光驱动板 >>>>>>>>>

无论是上一节步进驱动板还是接下来的激光驱动板，其电路设计都还有很大的提升空间，可以进行不同尝试。以下5图中的激光驱动板采用9V电压，并通过LD33V 3.3V稳压器为激光头供电，使用TIP120三极管负责管理继电器从而控制激光头的开关。

注：1. TIP120或类似的三极管；
2. G5V-1 9V继电器或类似产品；
3. LD33V 3.3V稳压器或类似产品；
4. 9V电源接口；
5. 限位开关的接地接口；
6. 激光控制和连接到Sanguino接口；
7. 1N4148二极管或类似产品；
8. 提供给激光器的3.3V电压输出

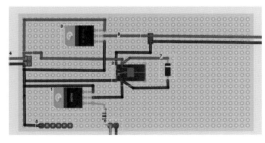

注：1. 步进驱动板上的步进和方向信号；
2. Tip120晶体管；
3. 限位开关地线接口；
4. 3.3V稳压器；
5. 激光头接口；
6. 稳压二极管；
7. 1kΩ电阻；
8. 继电器；
9. 9V电源接口

注：1. 步进和方向信号；
2. 背面焊脚；
3. 限位开关焊脚；
4. 地线接口；
5. 9V 电源；
6. 步进和方向信号

注：1. sanguino 打印板的激光器接口接到左侧，
地线接右侧；
2. 步进控制板的地线；
3. 激光器电源线；
4. 3.3V 稳压器接口；
5. 激光头继电器开关的地线；
6. 电源给 3.3V 稳压器的输入；
7. 给继电器的 9V 接口；
8. Sanguino 给 Tip120 的继电器开关接口

注：1. 请勿在接通电源的情况下进行连接操作，
否则会有毁坏 Easydriver 的风险；
2. 激光器接口；
3. 9V 电源线；
4. 12 ~ 24V 电源线；
5. Sanguino 的步进和方向接口；
6. Sanguino 的激光器接口；
7. 限位开关的地线接口；
8. 通过该电缆连接两块面板的步进和方位接口

10.8 安装限位开关 >>>>>>>>>

　　限位开关主要用来防止控制器在一个方向上意外移动超出范围，同时也可以用来设置初始位置。具体位置可以先手动将打印支架分别沿 X 轴、Y 轴移动，确定合适的打印范围，然后标记对应的最小和最大移动距离点，再按标记进行安装即可。限位开关的安装非常简单，可以用小螺丝，也可以直接用胶水进行固定可参考右图和下面 3 图。

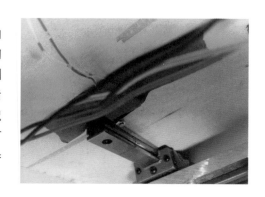

左侧竖排文字：3D 打印：从全面了解到亲手制作（第 2 版）

206

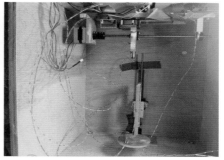

注：1. X轴开关安装位置须离螺钉一定
距离，以免引起误触

10.9　线路安装及调试 >>>>>>>>>

　　到这里打印机的大体样子便组装完成了，接下来着重完成线路安装和调试工作。需要注意的是，在完成安装测试之前，确保电源没有接通，以免对电子设备造成损伤。

　　看看激光器是否连接到激光驱动板的3.3V接口，并检查之前安装的线路是否正常。然后，重点开始接打印控制板Sanguino上的各项接口。首先把刚安装好的限位开关同Sanguino主板上的对应接口相连，然后检查步进和方向接口是否同打印板正确相连，接着把激光驱动板同打印板进行连接，最后是电源线路的连接和检查。这里再重复一下，激光板和Sanguino是9V电源，步进驱动板是12～24V，连接打印控制板的USB FTDI电缆是5V。

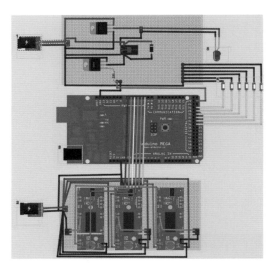

注：1. 9V 电源；

2. 12 ～ 24V 电源；

3. 9V 电源，Sanguino 需要外接跳线或开关；

4. 限位开关；

5. 激光头

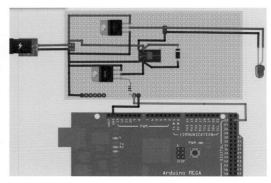

注：1. 请勿在接通电源的情况下进行连接操作，否则会有毁坏 Easydriver 的风险；

2. 激光器接口；

3. 9V 电源线；

4. 12 ～ 24V 电源线；

5. Sanguino 的步进和方向接口；

6. Sanguino 的激光器接口；

7. 限位开关的地线接口；

8. 通过该电缆连接两块面板的步进和方向接口

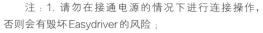

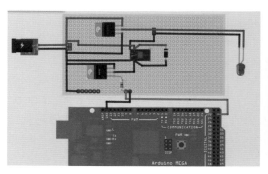

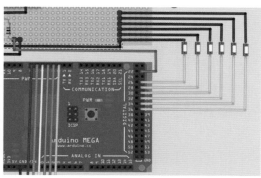

10.10 控制中心连接测试

下载并安装开发和调试工具Arduino IDE，然后获取Sanguino的配置文件进行导入，该文件可登录Sanguino的官方网站下载。然后安装打印控制中心软件，可参考第7章介绍的ReplicatorG。

   在配置文件pins.h中进行步进、方向和限位开关范围等全局常量的设置，例如：

```
#define X_STEP_PIN 6
#define X_DIR_PIN 7
#define X_MIN_PIN 19
#define X_MAX_PIN 20
```

   如果想自定义步长或打印速度，还可以在configuration.h文件中进行设置，例如：

```
float axis_steps_per_unit[] = {251.971678, 252.4475, 1007.87402,700}; //Half Step
float max_feedrate[] = {400, 400, 200, 500000};
float homing_feedrate[] = {400,400,200};
```

   各项设置完成后，记得把配置文件同步到ReplicatorG，可在Machine菜单中进行选择，由于篇幅有限，这里略过了大量软件使用和设置的基础知识，感兴趣的读者可以搜索相关资料专项学习。完成配置后的打印控制软件ReplicatorG，可以正常展示打开的模型，并成功连接打印机。

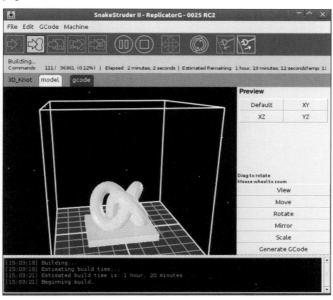

209

10.11　安装激光发射器　　>>>>>>>>>

接下来安装最后一个部件——激光发射器，但在操作之前，需确保戴上了激光护目镜。确保安全后，可以在激光架的凹槽中粘上塑料胶，然后将激光头固定在架子的卡口上。安装完成后，可以通过ReplicatorG连接打印机，点击控制面板的Valve复选框，进行激光头开关测试。

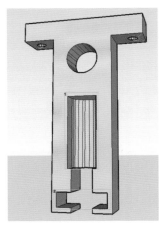 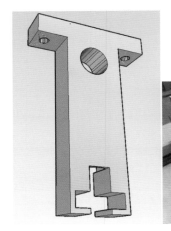

注：1. 激光器安装位置；
2. 激光头卡口位置

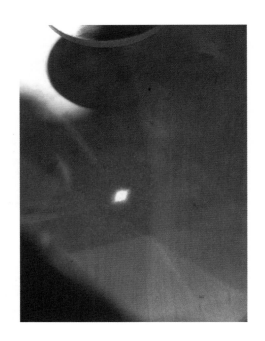

注：1. 确保电线卡好并不影响移动，需要的话可以用胶水进行固定

　　然后再进行激光器的焦距调整设置，方法也很简单，直接将打印头沿Z轴上下移动，可以沿Z轴向下移动到烧杯打印面的位置，然后调整转动激光器上的镜头指导发射出的激光尽可能聚焦。

　　这里需要注意的，最佳焦距和打印头的位置是对应的，如果镜头的位置有调整，那么也需要再次调整镜头焦距。

10.12 打印测试及后期制作 >>>>>>>>>

　　打印机组装和调试完成，我们就可以在烧杯中倒入光敏树脂进行打印了。

　　在机器上设置Z轴打印平台的高度，然后将光敏树脂倒入烧杯中，直到达到设置的激光照射高度。然后使用ReplicatorG中的控制面板，将Z轴打印平台向下移动到树脂可以覆盖的位置，将所有轴设置为0或初始状态，关闭控制面板并开始打印。

注：1. 打印过程可以通过激光护目镜查看，检查每层的成型效果

注：1. 刚从树脂桶中取出来的效果

注：清理和晾干后的效果

打印完成后，Z轴会降到最低，可以等几秒钟后让其升高脱离烧杯，然后对打印模型进行擦拭，去除附着的液体树脂。可以看到，基于光敏树脂打印的物品，精度普遍比FDM的更高，同时每层之间更加顺滑、细腻。

 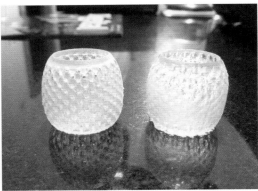

第11章

激光烧结
3D 打印机 DIY

材料准备及注意事项

激光烧结（Selective Laser Sintering，SLS），又称选区激光烧结或选择性激光烧结技术，主要是利用粉末材料在激光照射下高温烧结的基本原理，通过计算机控制光源定位装置实现精确定位，然后逐层烧结堆积成型。所以，SLS技术同样是使用层叠堆积成型的方式，不同之处主要在于，在照射之前需要先铺一层粉末材料，然后将材料预热到略低于熔点温度，之后再使用激光照射装置在该层截面上进行扫描，使被照射的部分粉末温度升至熔化点，从而被烧结形成黏结。接着不断重复进行铺粉、烧结的过程，直至整个模型被打印成型。

目前市面上大部分SLS打印机都比较昂贵，并且也是工业应用为主，本章我们就一块来DIY一台简单的激光烧结3D打印机。同样，我们得到了开源社区大量的支持和贡献，由于已经有了前面两章DIY的基础，一些不必要的细节我们不再详细介绍。

> **注意事项**　1. 由于组装和打印过程设计激光照射，因此读者接通电源前必须先准备好安全护目镜，并且确保镜片能够防护445nm的光照强度。
> 　2. 打印材料为金属粉末，并且加工烧结时会有刺鼻气味，避免打印过程中大量吸入，因此组装和材料存放环境应通风良好。

在开始之前，我们需要提前准备好以下材料。

类别	名称	数量
机械部件	600mm 的角铝（20mm×20mm 规格）	4
	500mm 的角铝（20mm×20mm 规格）	12
	320mm 的角铝（20mm×20mm 规格）	8
	300mm 的角铝（20mm×20mm 规格）	1
	8mm×500mm 的钢钎杆	2
	8mm×285mm 的钢钎杆	2
	8mm×450mm 的钢钎杆	2
	8mm×255mm 的钢钎杆	4
	M5×140mm 的螺纹杆	2
	4mm×13mm×5mm 轴承（型号 F624ZZ）	16
	8mm×22mm×7mm 轴承（型号 F608ZZ）	2
	2m 的 GT2 皮带	3
	GT2 皮带轮	6
	M4×40mm 螺丝	8

3D 打印：从全面了解到亲手制作（第2版）

类别	名称	数量
机械部件	M3×30mm 螺丝	2
	M3×8mm 螺丝	24
	M3×18mm 螺丝	8
	M2×6mm 螺丝	4
	M5×10mm 螺丝	200
	M5×10mm 螺丝	100
电子部件	Arduino Mega 2560 主板	1
	Ramps 1.4 液晶控制显示屏	1
	DRV8825 步进马达控制板	4
	Nema 17 步进马达	6
	445nm 激光二极管（功率 1W ）	1
	445nm 激光二极管底座外壳	1
	限位开关	3
	摄像头	1
	raspberry 树莓派传感器开发板	1
	ATX 电源	1
	120mm 口径风扇	2
打印部件	粉末盒	2
	Z 轴面板	2
	Z 轴马达架	2
	Z 轴顶盖	2
	活塞	2
	推进马达架	2
	推杆惰轮	2
	推杆	2
	钢钎架	4

类别	名称	数量
打印部件	马达	2
	惰轮挡块	1
	惰轮	1
	Y 轴移动仓	2
	X 轴移动仓	1
	X 轴移动仓架	1
	惰轮夹	2
	皮带导轮	2

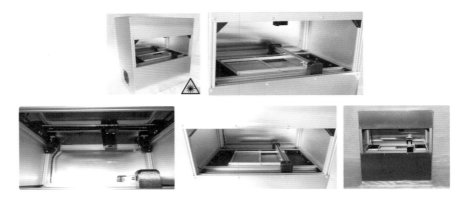

以下5图是完成后的SLS 3D打印机效果。

11.2 组装打印箱体 >>>>>>>>>

首先，将两个 Z 轴马达架打印件连接到底座上，然后在框架上添加四个角铝支架进行固定。

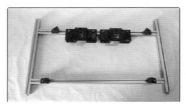

接着在框架的基础上搭建箱体，这里推荐用胶合板就行，切割尽量准确，搭建步骤如下4图所示。

接着把搭建好的木箱和角铝框架拧到一块。

这里要注意两个Z轴马达打印架的摆放位置。

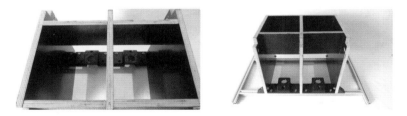

然后用螺丝和支撑件进行固定。

11.3 安装电动马达

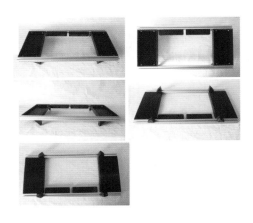

Z轴马达的上推框架和上一节非常相似，最大的区别是3D打印件不太一样，这里用到的主要是粉末盒和Z轴顶盖，安装效果如左边5图所示。

推进部分功能是推动打印粉末盒上升，使得每层打印完成后能为其进行补粉操作，首先安装推进杆。

接着把箱体组装起来，并在此基础上安装Nema 17步进马达，另一端把惰轮和轴承也固定在打印件上。然后将马达和惰轮拧紧，并在两端都装上皮带轮。

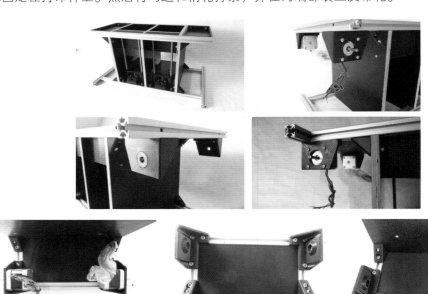

3D 打印：从全面了解到亲手制作（第 2 版）

11.4 组装Z轴框架 >>>>>>>>>

首先将轴承压入Z轴面板打印件中，然后在轴承中插入8mm的光滑钢钎杆。

接着安装推进部分，把它们连在一起并沿着光滑钢钎杆推动轴承，确保可以顺滑移动的情况下拧紧钢钎杆，完成3D打印机的推进器和活塞单元的组装。

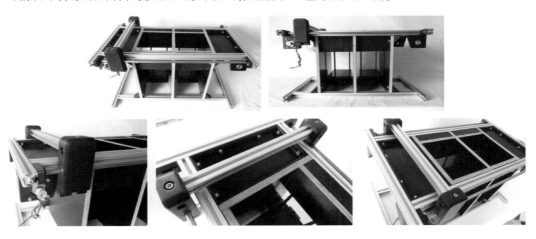

11.5 组装Y轴和X轴框架 >>>>>>>>>

和前两章的DIY打印机类似，本章的SLS打印机也是基于X/Y轴移动，从而拟合出需要的打印轨迹。不过本章我们采用CORE-XY结构，它的原理是通过两个电机同时控制X/Y轴的移动，左右两个电机同向的时候，往X轴移动，两个电机反向的时候往Y轴移动。两个电机的同时作用，力量比单个电机控制一轴来得要稳定，还能减少X/Y轴平台上面一个电机的重量。

相比基于笛卡尔运动的3D打印机，CORE-XY结构有更多的优点。这台机器上的两个传送皮带看上去是相交的，其实是在两个平面上（一个在另外一个上面）。而在X轴、Y轴方向移动的滑架上则安装了两个步

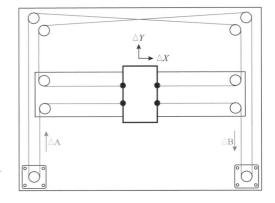

进马达，使得滑架的移动更加精确而稳定，像咱们DIY的这台3D打印机，激光头移动速度可以做到400mm/s。

言归正传，接下来我们要组装Y轴框架，按如下3图所示把F624ZZ轴承拧到不同的高度。

接下来是安装惰轮，将F624ZZ轴承高度错开，这样就不会使得皮带相互摩擦。

然后安装上X/Y轴的步进马达，X/Y轴的安装方式差不多，唯一区别是转动角度不同。

  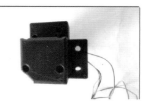

把Y轴支架、惰轮和步进马达与整个箱体组装起来。把钢钎杆推入打印件预留好的孔中，并把各个部位需要固定的地方用螺丝固定好。

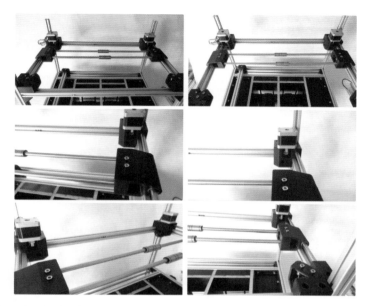

最后，将X轴支架安装到轴承上，把支架打印件固定好，皮带穿过步进马达和惰轮的齿轮，并拉紧用金属扣固定、拧好螺丝，确保平行的两条皮带长度相同。

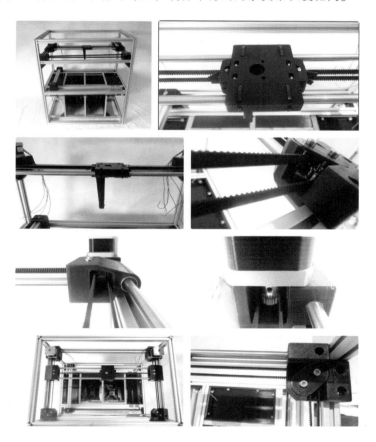

11.6 组装容器平台 >>>>>>>>>

　　先组装粉末推送活塞，这部分工艺有一定难度，因为一方面粉末推送、抹平需要较高的精度，另一方面不能有缝隙使得粉末撒漏或者卡在夹缝中。因此可以考虑加一些泡沫板在打印铝板的边缘，这样铝板上下移动过程中，阻力会变小同时可以避免产生缝隙。

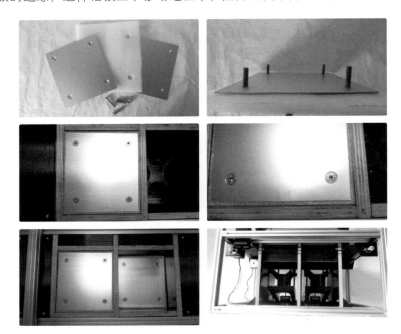

　　为了保证所有粉末都可以推入打印箱体内，需要安装了一些10mm×10mm的小型挤压件。检查活塞可以平滑地上下移动实现挤压推送，这里推杆和挤压杆之间的距离应小于1mm。

11.7 安装激光发射器 >>>>>>>>>

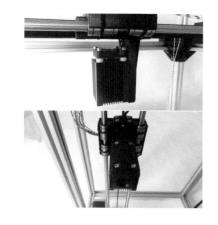

　　激光发射器的安装和第10章光固化3D打印机的安装类似，直接将激光模块安装到X轴打印支架上并固定。先不要通电，并且安装的过程也尽量小心，不要损坏激光器模块的元器件。

　　激光器安装完成后，可以盖上外盖板并用螺丝拧紧固定。

11.8 线路和驱动的安装 >>>>>>>>>

　　线路和驱动的安装和第9、第10章也都类似，电源方面提供12V的输出，整个3D打印机的总功率不到100W，因此不需要强大的电源。

　　Arduino/Ramps1.4是REPRAP架构中最常用的电子板之一，价格便宜并且使用方便，前面我们也有了基本的介绍，这里就不再赘述，线路的连接和第10章类似。

11.9 控制中心连接测试 >>>>>>>>

　　除了我们介绍的ReplicatorG外，Repetier软件也可以作为3D打印控制中心，感兴趣的读者可以去官网下载使用。和ReplicatorG类似，经过简单的配置，就可以连通我们刚刚DIY的SLS 3D打印机。

　　需要对Arduino固件做配置，关于Arduino IDE的详细介绍可以去官网查阅资料。先将config.h上传到Repetier配置工具中，然后下载完整的固件，并在Arduino IDE中打开后上传到Arduino Mega 2560。

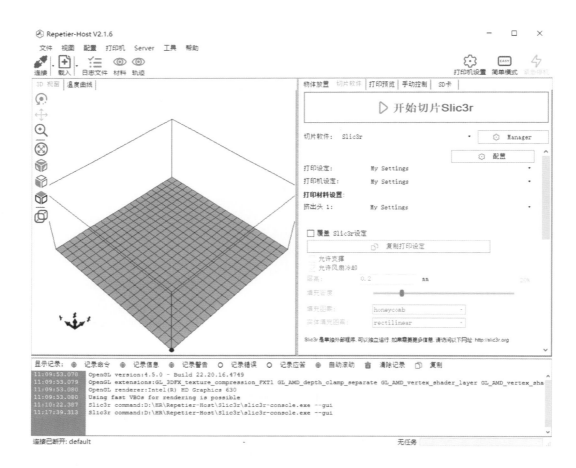

　　上传后，转到Repetier host-->配置Congfig-->固件EEprom配置。然后上传缺省的EEprom文件，其中包括所有的参数，如每毫米步数、加速度、进料速度等。

可以扫描下面的二维码下载的缺省配置文档：

【EEpromConfig.h】

除了 Arduino 固件需要配置外，还需要配置切面工具。这里重点是在自定义 GCode 中，需要自定义粉末推进器的参数，因为这直接决定打印物体的层高，而层高又需要和切片分解时的层高完全一致。切片工具和 GCode 的使用我们在第 6 章介绍 Skeinforge 和 Slic3r 时有详细介绍，这里简单描述下 Slic3r 使用自定义配置文件的步骤：打开 Slic3r 的配置菜单，然后转到打印机设置（Printer Settings），点选自定义 G 代码（Custom GCode）。

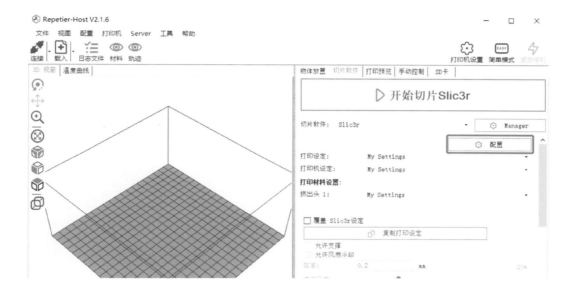

在 G 代码启动框（Start G-code）中输入：

G28   //回到各轴起始点
M3 S50 //激光功率范围设定为 50-255

在 G 代码结束框（End G-code）中输入：

G28 X0 Y0   //打印结束后 *X/Y* 轴归位到起始点
M84   //关闭电动马达
G204 P0 S0   //关闭粉末推送马达

在 G 代码换层框（After Layer change G-code）中输入：

G202 P0 X0   //粉末推送马达先移动到 0mm 的位置
G201 P0 X300   //粉末推送马达移动到 300mm 的位置
G201 P0 X0   //粉末推送马达再次移动到 0mm 的位置

11.10 材料准备及打印测试 >>>>>>>>>

　　激光烧结打印机可以用的材料比较多，常见的尼龙粉末、金属粉末都可以，不同材料熔点不同，对应可以设置激光头不同的功率和层高，以实现最好的打印精度和效果。此外，还可以对粉末盒进行改造，使其具备加热功能，使得激光烧结前粉末已被提前加热，这样也可以显著提升打印效果。

参考文献

［1］利普森，库曼.3D 打印：从想象到现实.北京：中信出版社，2013.

［2］克里斯·安德森.创客：新工业革命.北京：中信出版社，2012.

［3］中国机械工程学会.3D 打印：打印未来.北京：中国科学技术出版社，
2013.

［4］杰里米·里夫金.第三次工业革命.北京：中信出版社，2012.

［5］克里斯·安德森.长尾理论.北京：中信出版社，2012.

［6］彼得·马什.新工业革命.北京：中信出版社，2013.

［7］吴怀宇.3D 打印：三维智能数字化创造.北京：电子工业出版社，
2014.

［8］库兹韦尔.奇点临近.北京：机械工业出版社，2011.

［9］克里斯·安德森.免费.北京：中信出版社，2012.

［10］布莱恩·约弗森，麦卡菲.第二次机器革命.北京：中信出版社，
2014.

［11］王春玉，傅浩，于泓阳.玩转 3D 打印.北京：中国科学技术出版社，
2013.